内容适应性超像素生成技术研究

原 野 著

辽宁人民出版社

© 原野　2023

图书在版编目（CIP）数据

内容适应性超像素生成技术研究 / 原野著 . — 沈阳：
辽宁人民出版社，2023.12
ISBN 978-7-205-10985-1

Ⅰ . ①内… Ⅱ . ①原… Ⅲ . ①图像处理—研究
Ⅳ . ① TN911.73

中国国家版本馆 CIP 数据核字（2023）第 232396 号

出版发行：辽宁人民出版社
　　　　　地址：沈阳市和平区十一纬路 25 号　邮编：110003
　　　　　电话：024-23284321（邮　购）024-23284324（发行部）
　　　　　传真：024-23284191（发行部）024-23284304（办公室）
　　　　　http://www.lnpph.com.cn
印　　刷：沈阳市崇山彩色印刷有限公司
幅面尺寸：170mm×240mm
印　　张：16.25
字　　数：265 千字
出版时间：2023 年 12 月第 1 版
印刷时间：2023 年 12 月第 1 次印刷
责任编辑：郭　健
装帧设计：姜中壹　张晓丹
责任校对：吴艳杰
书　　号：ISBN 978-7-205-10985-1
定　　价：68.00 元

序

　　非常荣幸能为学生原野的著作《内容适应性超像素生成技术研究》写这篇序言。原野是我指导的一名研究生，她在图像处理领域具有坚实的理论基础和丰富的实践经验。这本书是她深入探索和研究的成果，也是她为推动超像素生成算法在图像处理领域的应用所做出的贡献。

　　原野在本书中详细介绍了超像素生成技术的应用现状和发展趋势；通过预处理和辅助处理两个案例，展示了超像素生成技术的重要作用；从超像素的定义、超像素生成算法的分类和特点、超像素生成结果的评价指标等方面，系统地阐述了超像素相关的基础知识和重要理论；详述了她在超像素生成领域中富有创新性的观点和解决方案，即基于图像内容的特性进行适应性超像素生成的三个算法。

　　作为她的导师，我见证了原野在研究过程中的辛勤付出和成长。她在超像素生成方向的知识储备和实践经验，使得她能够深入浅出地阐述复杂的原理和算法。这本书是她多年研究的成果，凝聚了她对超像素生成技术的独到见解和深入思考，研究方法严谨科学，论据充分，语言流畅，相信对从事图像处理领域以及超像素生成方向的研究人员和从业人员产生积极的影响，并为推动超像素生成技术的应用提供有益的参考。

　　当然，作为原野的早期研究成果，这本书难免存在一些不足之处，例如某些案例的分析还可更加深入，在此也恳请各位学界同仁不吝赐教，多提宝贵意见。我相信随着原野在研究领域的不断深入，她会在未来的研究中继续完善和提升这本书的内容。

最后，我要感谢原野为完成这本书所做的努力和贡献，为我们带来这样一本有价值的著作。我衷心希望这本书能够对广大读者产生积极的影响和启迪，从而为图像处理领域和超像素生成方向的发展做出更多的贡献。

朱志良

2023 年 8 月于沈阳南湖

前　言

　　"一图胜千言"，图像是传达信息的有效手段，也是当今社会中随处可见的数据素材。为了进行图像信息的提取，图像处理技术帮助实现了如图像分割、物体检测、目标追踪等功能，随着科技的不断进步，这些功能已成为人们生活与工作中离不开的得力助手。

　　从应用的角度来看，无论技术如何发展，"优质""高效"永远是其核心目标。在此背景下，超像素生成技术吸引了众多学者的目光，它为图像处理的质量和速度提升提供了有效的方法。

　　作者在博士学习期间，对超像素生成技术进行了深入的研究，针对现有技术的一些不足，设计和实现了若干新的处理框架和算法。

　　本书的目的即帮助读者了解超像素为何物，超像素生成具有哪些作用，相关算法的原理和特点，以及如何基于图像内容的特性进行准确、快速的超像素生成。因此，本书在作者博士论文的基础上，经过进一步的精加工，在获得沈阳工业大学专项基金的资助下，得以出版。希望能将这几年的成果与广大学者共享，共同推进超像素生成乃至图像处理领域的进步。

　　本书共分为6章，内容安排如下。

　　第1章绪论，介绍了本书研究问题的来由、研究意义、基本思路、研究框架、研究方法和本书的内容概览。

　　第2章界定了本书所涉的核心概念及相应的基础知识，包括超像素的定义、超像素生成算法的分类和特点、超像素生成结果的评价指标以及超像素的应用案例。

第 3 章详细介绍了作者提出的基于分水岭的全局和局部边界行进超像素生成算法（WSBM），包括其解决的问题、算法流程和细节、实验结果和分析等。

第 4 章在上一章的基础上，详细介绍了作者提出的具有内容适应性处理标准的超像素生成算法（SCAC），包括其解决的问题、算法流程和细节、实验结果和分析等。

第 5 章详细介绍了作者提出的具有适应性边界的内容敏感性超像素生成算法（CACSS），该算法进一步完善了上两章的内容，包括其解决的问题、算法流程和细节、实验结果和分析等。

第 6 章对全书进行总结，并对未来的研究方向和内容进行展望。

摘　要

随着科技的高速发展及其与社会的深度融合，图像处理技术助力于人们日常环境中的方方面面，图像分割、物体检测、目标追踪等任务不仅大量应用于医疗、安保、交通等多种生活场景中，也服务于工业、农业、军事等各个专业领域。面临着诸多如"处理数量巨大""需要实时反馈""辅助人们决策"的需求，"高质量""高效率"是图像处理技术能够广泛应用的基本条件。近年来，越来越多的图像处理方法引用了超像素生成技术，以获取更优质、更快捷的处理结果。

超像素通常作为预处理或辅助处理的工具，被用来代替像素作为处理单元进行后续的任务，以达到在不过度损失甚至提升处理质量的同时节省运行时间、降低所耗内存等目的。超像素生成技术被广泛应用于多种图像处理任务中，如何快速地生成高质量的超像素是领域内颇具研究意义的关键课题。

截至目前，已有众多超像素生成算法被提出。在对超像素的多方面需求中，准确度、规整度、速度是三个最为重要的评价指标。一个理想的超像素生成算法，应能够以实时的速度，使超像素在图像中有物体边缘的地方具备高准确度，在无物体边缘的区域保持高规整度。然而，现有的超像素生成算法仍存在着一些问题，无法在这三个主要衡量指标上获得均衡全面的优质结果，且普遍在准确度与规整度间呈现出强烈的互斥性。造成这种现象的主要原因为：这些算法没有根据图像不同区域的不同需求制定相应的有效处理标准，导致了区域需求无法被充分满足，且区域间的需求冲突无法得到缓解。

针对上述不足，本书提出了新的内容适应性处理思路，结合对已有算法的多方面改进，设计了一系列超像素生成算法，并通过大量实验验证了所提算法的有效性。本书的主要研究内容和创新点包括：

（1）为解决超像素算法中存在的准确度不足，且准确度和规整度强烈互斥的问题，本书提出了一种基于分水岭的全局和局部边界行进超像素生成算法（WSBM）。该算法采用了一种新的内容适应性生成策略，在改进了分水岭算法的基础上，使用两个独立的原则分别对处于不同内容环境中的边界像素进行差异化处理，在进一步提高算法准确度的同时，保证了内容单一区域内超像素的规整度，有效消减了准确度与规整度之间的互相制约。同时，算法使用优先级队列实现范围内的迭代式处理，提高了处理效率。实验分析证明，与已有算法相比，该算法能够以较快的速度生成既有较高准确度，且在内容单一区域呈极高规整度的超像素。

（2）为进一步缓解准确度和规整度的互制关系，提升算法获取理想规整度的能力，本书提出了一种具有内容适应性处理标准的超像素生成算法（SCAC）。该算法改进了上一算法所提出的内容适应性生成策略，将超像素生成分为两个阶段，针对不同性质的区域，分别使用"以准确度优先"和"以规整度为准"的不同标准处理其中的边界像素。在以准确度优先的处理阶段，算法考虑到了光照的不良影响，因此设计了更有效的全局处理标准；在以规整度为准的处理阶段，算法针对噪声和纹理做出了相应的处理，通过定义颜色和纹理特征的新用法，扩大了规整度提升的范围。实验分析证明，与已有算法相比，该算法能够以实时的速度，生成具有高准确度且在相同条件下高规整度的超像素。

（3）为解决现有内容敏感性超像素生成算法准确度较低、速度较慢的问题，本书提出了一种具有适应性边界的内容敏感性超像素生成算法

（CACSS）。该算法结合上述内容适应性生成策略，以准确度优先的处理标准，设计了过数分割和边界融合的内容敏感性超像素生成方式，具有快速及高准确度的优势；在以规整度为准的处理阶段，算法对区域筛选加以改进，设计了边界扭曲度作为阈值系数，使筛选阈值能够自动匹配边界的特性，扩大了规整度提升的范围。实验分析证明，与已有算法相比，该算法能够以实时的速度，生成具有高准确度且在相同条件下高规整度的超像素。特别地，与其他内容敏感性超像素生成算法相比，该算法同时在准确度、规整度及速度上表现更佳。

关键词：超像素；图像处理；图像分割；内容适应性；内容敏感性

Abstract

Research on the Content-adaptive Superpixel Segmentation Methods

With the rapid development of science and technology and its in-depth integration with society, image processing technology has contributed to every aspect of people's daily lives. Image segmentation, object detection, target tracking, and other tasks are widely used in various fields, such as medical treatment, security, and transportation, and serve numerous professional fields including industry, agriculture, and military. To meet the requirements of ever-changing human needs, including huge processing quantity, real-time feedback, and assistance in decision-making, high quality and high efficiency are essential. Recently, more image processing methods have adopted superpixel segmentation to obtain better and faster results.

Superpixels are often used as a preprocessing or processing aid tool to replace pixels as "units" in subsequent processes to conserve time and computational memory without degrading the original performance. Hence, superpixel methods have been widely used for several image processing tasks. Therefore, generating superpixels with high quality and speed has become a significant topic in the research field.

Numerous superpixel segmentation algorithms have been proposed thus far. Among the various requirements for superpixels, accuracy, compactness, and speed are the most important measures of performance. An ideal superpixel method must obtain high accuracy for object boundaries, maintaining a high compactness in the non-boundary regions. However, the existing methods still have some deficiencies as they fail to achieve balanced and comprehensive high-quality results in all three main measurements, and their accuracy and compactness are always strongly inter-inhibitive. This is primarily because most existing methods do not develop targeted, fast, and effective processing standards according to the different regional needs of the image. As a result, the regional demands cannot be fully met, and the demand conflict between the regions cannot be alleviated.

In response to these deficiencies, this dissertation proposes a new content-adaptive generation strategy. Combined with various improvements in the existing algorithms, a series of content-adaptive methods are designed with their effectiveness verified by several experiments. The following are the main contents and contributions of this dissertation:

（1）To address the lack of ability of some algorithms to obtain high accuracy and the strong inter-inhibitive nature of accuracy and compactness, a method for generating the watershed-based superpixels with global and local boundary marching （WSBM） is proposed. This method improves the watershed-based algorithm and proposes a new content-adaptive strategy. Two separate processing standards are used to treat the border pixels distinctly based on their content environments. They further raise the accuracy, while retaining a high compactness in the content-plain regions. Consequently, the mutual exclusion between accuracy and compactness is reduced. Moreover, the method uses a set of priority queues for the regional iterative processing, which is fast and efficient. Compared to the state-of-the-art methods, the proposed method can efficiently generate superpixels with relatively accurate results, and make the superpixels compact in the content-plain regions.

（2）To further alleviate the mutual exclusion between accuracy and compactness, and improve the method's ability to obtain a high compactness, a method for generating superpixels with content-adaptive criteria （SCAC） is proposed. This method improves the proposed content-adaptive segmentation strategy, divides the superpixel segmentation into two stages, and uses the processing standards of "accuracy-first" and "compactness-first" separately for the pixels in different regions. In the accuracy-first processing, the adverse influence of illumination is considered; hence, a more effective global processing standard is designed. In the compactness-first processing, the adverse effects of noise and texture are considered; hence, a new usage of color and texture features is defined to further enhance the compactness improvement. Compared to the state-of-the-art methods, the proposed method can generate the superpixels efficiently, with relatively accurate and compact results.

（3）To resolve the issues of low accuracy and slow speed of the existing content-sensitive methods, a method for generating content-sensitive superpixels with adaptive boundaries （CACSS） is proposed. The method combines the proposed content-adaptive strategy and designs an over-numbered segmentation with border-based merging to obtain the primary content-sensitive superpixels using the accuracy-first standard with faster speed and higher accuracy. In the compactness-first processing, it improves the region sifting by adding a border distortion degree as a threshold coefficient, enabling the filter threshold to automatically match the characteristics of the corresponding border, and successfully expanding the range of compactness-improving regions. Compared to the state-of-the-art methods, the proposed method can generate the superpixels efficiently, with relatively accurate and compact results. Moreover, the proposed method outperforms the other content-sensitive methods in all aspects of accuracy, compactness, and speed.

Key words: superpixel; image processing; image segmentation; content-adaptive; content-sensitive

目 录

1 绪论

随着科技的高速发展，图像处理技术已广泛应用于人们生活与工作中的各个领域。超像素生成技术因其为图像处理的质量和速度提升提供了有效的方法，成为该领域内的一个研究热点。本章详细介绍了超像素生成技术的研究背景与意义、国内外研究现状及存在的问题，并简要概括了本书的主要研究内容和组织结构。

1.1 研究背景及意义

图像因具有比文字更直观、更生动的传达能力，在现代社会中占据着重要的地位。随着科技的高速发展和日益成熟，图像作为信息的一种载体大量充斥于人们的生活和工作当中，当人们通过各式硬件和软件来获取图像和提取图像中信息时，图像处理技术应运而生，并成为科技领域中举足轻重、经久不衰的一个门类。放眼当下，图像处理技术助力于人们日常环境中的方方面面，已大规模代替人工服务于社会，图像分割、物体检测、目标追踪等任务大量应用于医疗、安保、交通等多种生活场景，以及工业、农业、军事等各个专业领域。

在图像处理技术不断翻新的过程中，"高质量""高效率"一直是对其不变的基本要求，以应对在实际使用中，常常面临着的"处理数量巨大""需要实时反馈""辅助人们决策"等需求。在此背景下，超像素生成算法陆续涌现，并因其具有众多提升效率和效果的作用而受到广泛青睐，在短短的二三十年间，渐成体系，发展成了一个颇具热度和规模的研究领域。

超像素生成是对图像的一种过度分割，如图1.1所示，它将一组具有相似特性（如颜色、位置、内容含义等）的像素聚合为一个超像素，超像素的边界贴合着图像中物体的边缘。超像素的生成是通过对图像像素进行标记而完成的，图1.2给出了像素标记的示例，每一个格子代表一个像素，格子上的数字即为该像素的标记，具有相同标记的像素组合为一个超像素。生成的超像素通常具有如下特性：（1）其边界贴合图像中物体的边缘；（2）可用来表征该区块的特征，并可一定程度上减免图像原有的噪声和不必要的细节；（3）其数量往往远小于原有像素数量。基于这些特性，当使用超像素代替像素作为处理单元进行后续任务时，可在不过度损失甚至可以提升处理质量的同时，节省运行时间，降低所耗内存，这正符合当下对图像处理技术的发展需求。因此，超像素生成常常作为一个预处理或辅助处理的工具被广泛应用于图像分割[1-4]、物体检测[5-7]、目标追踪[8-9]、场景理解[10-12]、三维重建[13]等图像处理任务中，而如何快速生成高质量的超像素也成为领域内颇具研究意义的关键课题。

作为一个预处理或辅助处理的工具，尽管应用环境各有不同，但超像素生成算法应达到的核心要求通常是一致的，即准确、快速、便于使用[14]。"准确"即从准确度的方面要求超像素的边界能够正确贴合图像中物体的边缘，以便辅助后续的处理而不影响整体的处理质量；"快速"则是于效率上促使超像素生成算法的速度应尽量保证图像的实时处理，以应对实际需求；"便于使用"是从规整度的方面要求超像素在保证准确的基础上，尽可能地具有规则的形状和平滑的边界，这既是为了便于视觉观察，也是

图1.1　超像素生成示例

Fig. 1.1　Examples of superpixel segmentation

1	1	1	1	1	2	2	2	2	41	41	41	41	41	41	42	42	71	71	71	71	71	81
1	1	1	1	2	2	2	2	2	41	41	41	41	41	41	42	71	71	71	71	71	71	71
1	1	1	2	2	2	2	2	2	41	41	41	41	41	41	42	71	71	71	81	81	81	81
1	1	2	2	2	2	2	2	2	41	41	41	41	41	42	42	71	71	71	81	81	81	81
2	2	2	2	2	2	2	2	2	41	41	41	41	42	42	42	71	71	71	81	81	81	81
2	2	2	2	2	2	2	41	41	41	41	42	42	71	71	71	71	81	81	81	81	81	81
2	2	2	2	2	2	41	41	41	41	41	42	42	42	71	71	71	81	81	81	81	81	81
2	2	2	2	2	41	41	41	41	41	41	42	42	42	71	71	71	81	81	81	81	81	81
2	2	2	2	41	41	41	41	41	42	42	42	42	42	71	71	81	81	81	81	77	77
2	2	2	41	41	41	41	41	42	42	42	42	42	42	71	71	81	81	77	81	77	77
2	2	2	41	41	41	42	42	42	42	42	42	42	42	71	81	81	81	77	77	77	77
2	2	2	2	41	41	42	42	42	42	42	42	42	42	71	71	71	77	77	77	77	77
2	2	3	3	3	42	42	42	42	42	42	42	42	71	71	77	77	77	77	77	77
2	2	3	3	3	42	42	42	42	42	42	42	33	77	77	77	77	77	77	77	93
2	2	3	3	3	3	42	42	42	42	42	42	33	33	77	77	77	77	77	77	93
3	3	3	3	3	3	3	42	42	33	33	33	33	33	72	72	72	72	72	77	77	77	93
3	3	3	3	42	42	42	42	42	33	33	33	33	33	72	72	72	72	72	72	93	93	93
3	3	3	3	3	42	42	42	4	33	33	33	33	72	72	72	72	72	72	72	72
3	3	3	3	3	3	3	4	4	33	33	33	33	72	72	72	49	72	72	72	72
3	3	3	3	4	4	4	4	4	33	33	33	33	49	72	72	72	49	72	72	72
3	3	3	4	4	4	4	33	33	33	33	33	49	49	49	49	49	72	72	72	63
3	3	3	4	4	4	4	33	33	33	49	49	72	72	72	72	72	72	63	63
3	3	4	4	4	33	33	33	33	33	33	49	49	72	72	72	72	72	72	63	103
3	3	4	4	33	33	33	33	33	33	33	49	49	72	72	72	72	72	72	63	63	103

图1.2　像素标记

Fig. 1.2　Labels of pixels

为了便于后续的处理和计算。随着超像素相关研究的持续深入及其应用的
不断扩展，近年来，超像素生成算法的研究重点逐渐放在了这三个方面的
全方位平衡和优化上，但现有的超像素生成算法仍存在着个别方面的不足，

还往往于准确度与规整度之间存在着顾此失彼的问题。

1.2　国内外研究现状

1.2.1　超像素生成算法的发展历程

超像素的概念于 2003 年由 Ren 等人[15]首次提出，但其相关算法可追溯到更早的时期[14]。1988 年，Mester 等人[16]展示了类似于超像素的图像分割。1993 年，Meyer 等人[17]提出了基于分水岭的图像过度分割方法。陆续地，一些过度分割及超像素算法[18-20]被应用于不同的图像处理任务来获取有用的特征[21-23]。近几十年中，众多超像素生成算法不断涌现[14]，算法类型不断扩展，理论分支持续延伸，逐渐成为图像处理领域中的热门课题之一。

从算法类型上归纳，超像素生成算法主要分为如下几类。

1. 基于图论的超像素生成算法

2000 年，NCuts[19]将图论理论融入到了对图像的碎片式分割中，该类算法将图像看作是节点（像素）与边（像素间的关系）的集合，通过计算边的权重（像素间的相似程度）对像素分类。之后，众多算法[15,24-25]对其进行了改进。陆续地，更多基于图论的超像素生成算法被开发，如 FH[20]、ERS[26]、PB[27]、GraphCut[28]、LRW[29]、ANRW[30]、DRW[31]、ISF[32]、PHS[33]等。

2. 基于聚类的超像素生成算法

聚类同样是超像素生成所运用的一大重要理论分支，该类算法通常由种子点开始，根据像素的多种特征计算相应的距离函数，将距离相近的像素划为一类，每一类即为一个超像素。2011 年，SSS[34] 提出了利用测地距离 [35] 的聚类算法，2017 年，BGS[36] 对其进行了多方面的改进。2012 年，SLIC[37] 在过度分割 [38] 的基础上将 K-means 聚类 [39] 应用于图像局部以生成超像素，LSC[40]、SNIC[41]、preSLIC[42]、MSLIC[43]、IMSLIC[44]、qd-CSS[45]、FuzzySLIC[46] 等算法是同样基于 K-means 聚类对 SLIC 算法进行的改进或延伸。除此以外，还有 Turbopixels[47]、DBSCANSP[48]、CAS[49]、DBSCANEP[50]、SSCSC[51]、SRD[52]、VFS[53] 等利用其他聚类理论的算法。

3. 基于分水岭的超像素生成算法

该类算法将图像的梯度图看作是一个逐渐被水淹没的地表 [17]，梯度为峰值的地方即为分水岭，当水从种子点处以一定原则向外漫延时，最后被淹没的边即为超像素的边界，这个漫延的顺序是通过一个由像素特征制定的优先级函数来确定，并通过使用一组优先级队列的结构来快速实现。自 1993 年的 WS 算法 [17] 之后，2014 年的 CW[42]，2015 年的 WP[54] 和 SCoW[55] 等算法分别从空间约束和种子点种植方式等方面对其进行了改善，再次使该类方法得到关注。2019 年，TRS[56] 算法对纹理特征进行了针对性处理，使该类算法能够适应更多场景。

4. 基于能量优化的超像素生成算法

该类算法通常通过最小化一个能量函数来确定像素的归属，这个能量函数往往是由像素的特征以及生成边界的特性计算而来。2012 年，SEEDS[57] 提出从初始区块开始的基于能量优化的边界行进算法，并提出了区块级（block-level）的更新策略。受 SEEDS 的启发，2015 年，ETPS[58] 同样采用从区块到像素的由粗到精的更新策略，并设计了更全面的能量函数。2015 年，CONPOLY[59] 基于维诺图（Voronoi diagram[60]）提出了一种能够生成凸状多边形超像素的算法。2021 年，ECCPDS[61] 对 CONPOLY 进行延伸，将超像素生成转化为一个权重图（power diagram[62-63]）优化的问题，它同样是一个基于多边形分解的算法。同年，IWF[64]基于能量优化提出了一个图像转换的超像素生成框架。

5. 基于其他类型的传统超像素生成算法

除上述较典型的算法外，还有其他种类的超像素生成算法。SEAW[65]是一种基于小波变换的超像素生成算法。KIPPI[66]基于动力学方法生成多边形超像素。GMMSP[67]将超像素生成转化为高斯分布与高斯函数的关系，进而求出像素的标记概率。BASS[68]基于贝叶斯非参数混合模型（DPGMM）进行超像素的生成。VSSS[69]设计了藤蔓并行蔓延的模式来生成超像素。CSSAR[70]、EPCESSP[71]、SLAD[72]通过边界行进的方式不断完善超像素，直到得到最终的生成结果。

6. 基于深度学习的超像素生成算法

随着人工智能领域的迅猛发展，越来越多的领域和相关算法选择应用或结合神经网络来达到处理目的。在图像处理的相关任务中，也不乏使用神经网络辅以超像素生成技术的案例[8]。近年来，一些算法通过深度学习来获得像素特征，进而与改良后的传统超像素生成算法相结合，获得更适用于神经网络架构的超像素结果，其中具有代表性的有 SEAL[73]、SSN[74]、SEN[75]、S-FCN[76]、LNS-Net[77]、LTS[78]等。

除此以外，随着超像素的优势不断被挖掘，其应用范围也在不断扩展，在二维常规自然图像以外，一些超像素生成算法也开发了适用于其他场合的版本，如适用于 RGB-D 图像的算法[79-81]，以及适用于三维图像或视频的算法[37,45,82]。

1.2.2　超像素生成算法的研究重心

在图像分割及超像素的相关研究逐渐成熟的进程中，用于评估超像素质量的指标接连出现[14,83-85]，形成了一个多维度的评价系统。其中，最主要的几个指标分别是从超像素的准确度（即超像素边界正确贴合图像中物体边缘的能力）、规整度（即超像素形状规则及边界平滑的程度）、速度三个方面来评价算法的优劣。值得注意的是，在这三个方面中，准确度和规整度之间存在着一定程度上的互斥。这是因为图像中物体的边缘通常具有不规则的形状，所以当超像素的边界贴合物体边缘时，超像素的形状也随之而变，而如果对超像素的形状加以较强的空间约束，则其贴合边缘的能力会受到限制。

早期的超像素生成算法往往将重点聚焦在准确度上（如 WS、SEEDS 等），其生成的超像素即使是在颜色较单一的区域也呈现出不规则的形状和扭曲毛糙的边界。近期的超像素研究则将更多关注点放在了准确度和规整度的平衡上，在空间约束的设计上颇下功夫，也因此而产生了一些新的细分领域，它们和超像素生成算法的关系如图 1.3 所示。

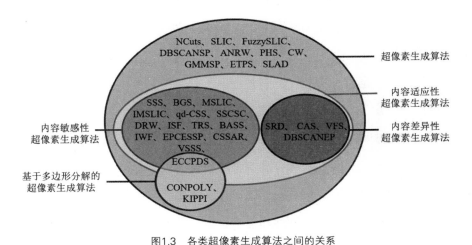

图1.3　各类超像素生成算法之间的关系
Fig. 1.3　Relationships between different types of superpixel methods

1. 基于多边形分解的超像素生成算法

大部分算法所生成的超像素具有各种各样的形状，其边界通常随着物体的边缘而弯曲变化，这类算法被称为基于像素（pixel-based）的超像素生成算法[61]。与之相对的有一类基于多边形分解（polygonal decomposition）的超像素生成算法，该类算法将图像分解为多个多边形，其生成的超像素边界为直线，代表性算法有 CONPOLY[59]、ECCPDS[61]、KIPPI[66] 等。其中，CONPOLY 和 ECCPDS 生成的超像素具有相当高的规整度。

2. 内容适应性超像素生成算法

一幅图像可根据内容性质的不同分为不同种类的区域，这种区分标准可为"有无物体边缘""内容简单或复杂"等。部分超像素生成算法能够根据区分标准在相应区域生成不同特性的超像素。其中，SSS[34]、BGS[36]、MSLIC[43]、IMSLIC[44]、qd-CSS[45]、ECCPDS[61]、SSCSC[51]、DRW[31]、ISF[32]、TRS[56]、BASS[68]、IWF[64]、EPCESSP[71]、CSSAR[70]、VSSS[69] 等算法生成的超像素在图像颜色复杂的区域面积较小分布较密，反之在颜色简单的区域面积较大分布较疏。这类算法被称为内容敏感性（content-sensitive）超像素生成算法[43]，它们通过对超像素进行更合理的分布来缓解准确度和规整度之间的冲突，通常拥有较高的规整度。另外一些算法则根据图像内容的综合特性对像素进行差异化的处理，使处于有物体边缘区域和无物体边缘区域的超像素具有不同的形态，代表性算法有 SRD[52]、CAS[49]、VFS[53]、DBSCANEP[50] 等。这些算法可自动调整对像素的处理标准，以应对不同内容的不同需求，从而生成最适宜的超像素。本书将这类算法称为内容差异性超像素生成算法。内容差异性超像素生成算法和内容敏感性超像素生成算法可统称为内容适应性（content-adaptive）超像素生成算法，本书将对其进行重点研究。

1.3　存在的问题

以上成果为超像素生成领域做出了巨大的贡献，也为今后的研究奠定了坚实的基础。

图 1.4 展示了部分代表性算法的生成结果。

算法参数均为使准确度最高或按其作者的推荐而设置，方框标注了主要物体的边缘遗漏处。以图 1.4 中的参考标准为例，一个理想的超像素生成算法，应能够以实时的速度，使超像素在有物体边缘的地方正确贴合物体的边缘，在无物体边缘的区域保持规则的形状和平滑的边界。从各算法的生成结果可看到，这些算法距离理想算法仍存在着不同程度的问题。观察分析大部分现有的超像素生成算法，可主要将这些问题归纳为以下四个方面。

1. 多数算法的准确度不足

如图 1.4 中（a）所示，多种算法在某些物体边缘处没有正确地贴合，其中，WS、CW、SLIC、SNIC、IMSLIC 等算法的参数已是按照结果准确度最高而设置，但它们在图中建筑和人物的外轮廓处均有不同程度的遗漏。

造成准确度不足的原因有很多，不考虑空间约束带来的影响，则主要为当超像素数量不多时，缺乏对超像素的合理安排，使其无法照顾到所有的边缘，以及算法理论本身带有缺陷，其贴合正确边缘的能力不足等。

如何在有限的超像素数量下，生成尽可能准确的超像素，即是本书思考的第一个问题。

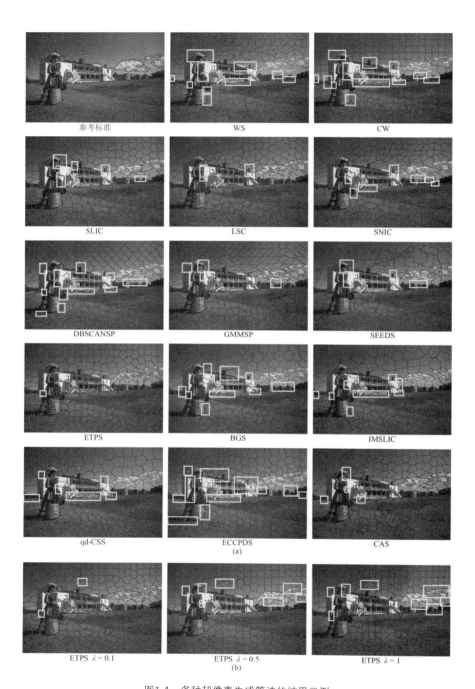

参考标准   WS   CW

SLIC   LSC   SNIC

DBSCANSP   GMMSP   SEEDS

ETPS   BGS   IMSLIC

qd-CSS   ECCPDS   CAS

(a)

ETPS $\lambda = 0.1$ ETPS $\lambda = 0.5$ ETPS $\lambda = 1$

(b)

图1.4 多种超像素生成算法的结果示例

Fig. 1.4 Results of the superpixel segmentation methods

2. 准确度与规整度之间普遍存在着不必要的相互制约

如上文所述，在实际的超像素生成中，准确度和规整度在一定程度上是互相抑制的。这是由于图像中的物体往往具有不规则的形状，如图 1.4 中的参考标准所示。当超像素的边界贴合物体边缘的时候，超像素也会因此产生形状上的扭曲，反之如果在形状上对超像素进行严格的约束，则其贴合物体边缘的能力也会极大受限。这种彼此制约在图像中的物体边缘处是无法完全消除的，而在无物体边缘的区域则需要尽量避免。

以图 1.4 举例，大多数算法在准确度与规整度之间仍存在着强烈的不必要的相互抑制。在图 1.4 中（a）组，除 WS 外的算法均设计了空间约束。可以看到，CW、DBSCANSP、BGS、IMSLIC、qd-CSS、ECCPDS 的规整度较高，但其准确度较低（尤其是 ECCPDS，极度规整的超像素使其大面积脱离了边缘），而 SLIC、LSC、SNIC、GMMSP、SEEDS、ETPS、CAS 的准确度较高，但其超像素的形态普遍不规整，包括一些无物体边缘的区域如图中草坪处。图 1.4 中（b）组则展示了最为准确的 ETPS 算法在不同规整度参数下的结果（λ 为算法中其他项与颜色特征项的权重比）。随着参数的升高，其超像素在无物体边缘的区域（如天空和草坪）呈现出越发规则的形状和平滑的边界，但相应地也于物体边缘处遗漏了更多的细节。当 $\lambda=0.5$ 时，一些因超像素数量不足而无法贴合边缘的问题暴露了出来（与人脸靠近的左侧建筑），且一些弱边缘因空间约束过强而丢失（天空中的云彩）。当 $\lambda=1$ 时，除了如上问题，一些强边缘也因空间约束过强而丢失（与草坪相接的右侧建筑）。这组对比更加说明了算法中存在着准确度与规整度之间不必要的相互制约。

造成这种现象的最主要原因是这些算法选择在追求准确度的特征项（如颜色特征、梯度特征等）上辅以提升规整度的特征项（如位置特征、尺寸特征等）作为约束，并用此固定的标准来无差别地处理图像中全部的像素，而并不考虑该区域内是否有物体边缘。

SLIC、DBSCANSP、CW、WP、SEEDS、ETPS 等常规算法在设计空间约束时，不考虑图像内容而单纯地使用欧几里得距离等，使得超像素的准确度和规整度呈一个简单的此消彼长的关系，导致生成的超像素往往不是边缘贴合能力较差，就是形状普遍不够规则。

内容敏感性超像素生成算法，如 SSS、BGS、MSLIC、IMSLIC、qd-CSS 等，在空间约束上加入了颜色信息，通过调整不同内容环境中超像素的大小一定程度上规避了由超像素数量不足带来的问题，也降低了准确度与规整度之间的制约程度，但仍因使用固定的互制标准无差异地处理全局像素而导致空间约束过强限制了准确度。CAS 则根据图像内容自动调节参数，产生更适应于当前图像的处理标准，但其规整度却依旧因多个特征项的彼此博弈而受到影响。这类内容适应性超像素生成算法虽通过更合理地排布超像素而试图平衡准确度和规整度之间的关系，但仍没有在根本上解决问题，有物体区域和无物体区域中超像素的不同需求依旧存在冲突，从结果看，其内容适应性策略收效甚微。

因此，如何真正地根据图像内容分别满足其中超像素的需求，减少准确度和规整度之间不必要的相互抑制，就是本书着力解决的问题之一。

3. 多数算法的规整度受限

如图 1.4 所示，（a）组中大部分超像素生成算法即使在天空处生成了较规整的超像素，其在草坪中的结果也呈现极度不规则的形状和扭曲毛糙的边界；（b）组中的 ETPS 算法即使在规整度极高的情况下（$\lambda=1$ 时），其在右下方草坪处的超像素边界仍有部分十分扭曲。

造成这种现象的主要原因是现有的大部分超像素生成算法缺乏对噪声和纹理的针对性处理。这些算法忽略了噪声和纹理带来的影响，在设计处理标准时，仅使用颜色或梯度特征来促使超像素的边界贴合物体的边缘，仅使用位置或尺寸上的空间约束来规整超像素的形状，因此会因噪声及纹理的较大颜色差异和较强梯度产生扭曲的边界。个别算法（如 CAS）考虑到了纹理特征，却因受到其他特征项的制约而功效不大。

因此，如何针对具有噪声和纹理的区域，提升超像素的规整度，即为本书另一个重点研究的问题。

4. 部分算法的速度较慢

在众多算法中，部分算法虽可以生成较高质量的超像素，但其速度却无法满足"实时处理"这一要求，导致辅助处理时效率不高，也失去了作为预处理工具的意义，因此于实际应用中极度受限。这类算法有 NCuts、ETPS、SSS、BGS、MSLIC、IMSLIC、ECCPDS 等。

造成这类算法速度较慢的主要原因通常为计算复杂度高、计算量大等。

因此，本书在设计算法时，尽可能地使用计算简单、处理范围小的方式。

综合上述分析，得出造成现有算法多方面存在不足的最主要原因是：这些算法没有根据图像中不同区域的不同需求制定针对性的快速有效的处理标准，导致区域需求无法被充分满足（获取高准确度或高规整度的能力不足），且区域间的需求冲突无法得到缓解（对准确度和规整度不能兼顾）。

1.4 研究思路和主要方法

为解决如上问题，以使超像素生成技术更适于实际应用，本书围绕超像素生成的课题，针对现有超像素生成算法在准确度、规整度、速度等方面的不足，以快速生成均衡、优质的超像素为目的，提出了新的内容适应性超像素生成策略，并以该策略为主线，结合对已有算法的多方面改进，设计了一系列超像素生成算法。本书的研究思路及主要方法如图1.5所示。

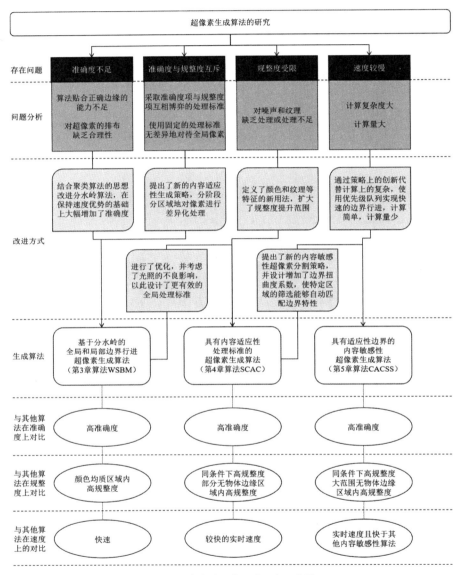

图1.5　本书的研究思路及主要方法

Fig. 1.5　The ideas and methods of the research

2 超像素生成算法

随着超像素相关研究的不断探索，已有众多经典或优质的超像素生成算法面世并被应用于实际工程中，本章详细介绍了若干代表性超像素生成算法，并对各算法的优劣势加以分析和总结。

2.1 超像素介绍

2.1.1 超像素定义及作用

超像素是一组像素的集合，超像素的生成可看作是对图像的一种过度分割（over-segmentation），它通过对像素进行标记将一组具有相似特性（如颜色、位置、含义等）的像素聚合在一起，成为一个超像素，每个超像素都可看作是图像的一个"碎片"。

其定义为：图像 I（高为 h，宽为 w）由像素 p_1，p_2，$\cdots$，p_K 组成（$K = h \cdot w$），由图像 I 生成的超像素 $S=s_1$，s_2，$\cdots$，s_n 符合如下条件 $U_{l=1}^{n}s_l=I$ 且 $s_{l1} \cap s_{l2}=\Phi$，$l_1 \neq l_2$，其中，n 为超像素的个数，通常，$n \ll K$。

超像素往往具有如下特性：（1）其边界贴合图像中物体的边缘；（2）可用来计算相应区块的特征，并可一定程度上减免图像原有的噪声及不必要的细节；（3）其数量远小于原有像素数量。基于这些特性，当超像素代替像素作为操作单元进行后续的处理时，可在不过度损失甚至提升处理质量的同时，节省运行时间，降低内存消耗。因此，超像素生成技术常常作为一个预处理步骤或者内容检测的辅助工具被广泛应用于图像分割[1-4]、物体检测[5-7]、目标追踪[8-9]、场景理解[10-12]、三维重建[13]等图像处理任务中。

2.1.2 超像素生成的满足条件

作为一个预处理或辅助处理的工具，超像素的质量十分重要。在实际应用中，超像素的生成需满足如下几个条件[14]。

（1）准确：超像素的边界应能够贴合图像中物体的边缘，同一超像素内的像素内容（如颜色、纹理等）应统一或相似，每个超像素应只表征一个物体或一个物体的部分区域[49]。

（2）规整：在贴合物体边缘的基础上，超像素的形状应简洁规则，边界应简练平滑，这不仅是为了便于视觉上的观察，也是为了使后续处理简单便捷。

（3）连通：生成的结果中不可有孤立的超像素（即被其他单一超像素包围在其中的超像素）。

（4）快速：生成超像素的速度越快越好，如果耗费时间过长，则效率较低且失去了预处理的意义。

（5）可控：超像素生成算法最好具备一定的可控性，即可以通过参数控制生成的超像素数量以及超像素的规整程度等。

其中，准确度、规整度及速度往往是用来评估超像素质量的主要指标。值得注意的是，如上文所述，在实际的超像素生成中，由于图像中物体边缘的多样性，超像素的准确度和规整度在一定程度上是互相抑制的。当超像素的边界趋向于贴合物体边缘时，超像素的形态也变得不规整，相反地，如果超像素在形状上的约束过强，其贴合边缘的能力则会减弱，导致丢失一些细节。随着相关研究的发展，现有的大部分超像素生成算法已可以达到一个较高的准确度。近年来，越来越多的超像素生成算法将研究重点放在了如何平衡超像素的准确度和规整度上，这也是本书所研究的关键问题。

2.2　超像素生成算法

经过几十年的研究和发展，已有众多超像素的生成算法被提出和应用（见 1.2 和 1.3 节）。如表 2.1 所示，本小节将按照类别介绍和分析一些经典和优质的超像素生成算法。

表2.1　一些代表性超像素生成算法

Table 2.1　Some representative superpixel methods

超像素生成算法	发表年份	初始方式	标记方式	超像素数量参数	规整程度参数
NCuts[19]	2002	种子点	基于图论	√	—
ERS[26]	2011	种子点	基于图论	√	—
PB[27]	2011	种子点	基于图论	√	√
GraphCut[28]	2010	种子点	基于图论	√	√
LRW[29]	2014	种子点	基于图论	√	√
ANRW[30]	2020	种子点	基于图论	√	√
DRW[31]	2020	种子点	基于图论	√	√
ISF[32]	2019	种子点	基于图论	√	√
PHS[33]	2022	种子点	基于图论	√	√
SSS[34]	2011	种子点	基于聚类	√	√
BGS[36]	2017	种子点	基于聚类	√	√
SLIC[37]	2012	种子点	基于聚类	√	√

续表

超像素 生成算法	发表 年份	初始 方式	标记方式	超像素数量 参数	规整程度 参数
LSC[40]	2015	种子点	基于聚类	√	√
SNIC[41]	2017	种子点	基于聚类	√	√
preSLIC[42]	2014	种子点	基于聚类	√	√
MSLIC[43]	2016	种子点	基于聚类	√	√
IMSLIC[44]	2018	种子点	基于聚类	√	√
qd-CSS[45]	2019	种子点	基于聚类	√	—
FuzzySLIC[46]	2021	种子点	基于聚类	√	√
Turbopixels[47]	2009	种子点	基于聚类	√	√
DBSCANSP[48]	2016	种子点	基于聚类	√	√
CAS[49]	2018	种子点	基于聚类	√	√
DBSCANEP[50]	2022	种子点	基于聚类	√	√
SSCSC[51]	2021	种子点	基于聚类	√	√
SRD[52]	2022	种子点	基于聚类	√	√
VFS[53]	2022	种子点	基于聚类	√	√
WS[17]	1992	种子点	基于分水岭	√	—
CW[42]	2014	种子点	基于分水岭	√	√
WP[54]	2015	种子点	基于分水岭	√	√
SCoW[55]	2015	种子点	基于分水岭	√	√
TRS[56]	2019	种子点	基于分水岭	√	√
SEEDS[57]	2012	区块	基于能量优化	√	√
ETPS[58]	2015	区块	基于能量优化	√	√
CONPOLY[59]	2015	种子点	基于能量优化	√	√
ECCPDS[61]	2021	种子点	基于能量优化	√	√
IWF[64]	2021	种子点	基于能量优化	√	√
GMMSP[67]	2018	种子点	基于GMM	√	√
BASS[68]	2019	种子点	基于DPGMM	√	√
VSSS[69]	2023	种子点	基于藤蔓蔓延	√	√

续表

超像素 生成算法	发表 年份	初始 方式	标记方式	超像素数量 参数	规整程度 参数
CSSAR[70]	2021	种子点	基于边界行进	√	√
EPCESSP[71]	2022	种子点	基于边界行进	√	√
SLAD[72]	2022	种子点	基于边界行进	√	√
SEAL[73]	2018	种子点	基于深度学习	√	√
SSN[74]	2018	种子点	基于深度学习	√	√
SEN[75]	2019	种子点	基于深度学习	√	√
S-FCN[76]	2020	种子点	基于深度学习	√	√
LNS-Net[77]	2021	种子点	基于深度学习	√	√
LTSNet[78]	2022	种子点	基于深度学习	√	√

　　大多数的超像素生成算法包含两个步骤：（1）初始标记：定义标记起始点（即种子点）或生成初始区块等；（2）生成标记：根据初始标记，通过相应的方式，推算或修正相关像素的标记。部分算法会通过迭代的方式经由得到的结果重新定义初始标记，进而重复这两个步骤，直到得到的结果满足终止条件。

　　按初始标记的方式分类，现有的超像素生成算法大多可分为"由种子点开始"和"由初始区块开始"两种，如图 2.1 所示。由种子点开始的算法会从分布于图上的种子点作为起始逐步标记剩余的像素，如图 2.1（a）组，在一个迭代周期内，它往往需要遍历图像中的所有像素。部分此种类型的算法会生成孤立的超像素[33,36,44]，需要添加额外的后续处理来保证超像素的连通性。由初始区块开始的算法则注重处理边界像素，如图 2.1（b）组，通过对处于边界的区块或者像素进行重新标记得到最终的结果，此过程同样可以进行迭代。

　　按生成标记的算法类型分类，大部分超像素生成算法可分为"基于

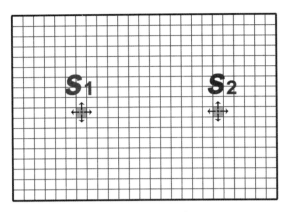

（a）由种子点开始的标记

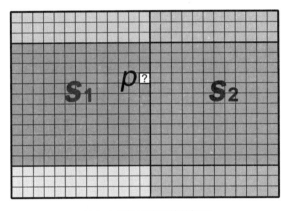

（b）由初始区块开始的标记

图2.1　两种常用的初始标记方式

Fig. 2.1　Illustration of common initiations

图论（graph-based）""基于聚类（clustering-based）""基于分水岭（watershed-based）""基于能量优化（energy optimization-based）""基于深度学习（deep learning-based）"等几种类型。

接下来，本章将简要介绍这几种类别的代表性算法，并对它们的优缺点进行归纳分析。为了便于理解，统一将各算法中超像素个数的参数设为N，规整程度参数设为λ。

2.2.1 基于图论的超像素生成算法

基于图论的方法广泛应用于与分割相关的图像处理任务中。在图像处理中，每一幅图像都可看作为一个带权重的无向图 G，图 $G=(V, E)$，V 为节点（即像素）的集合，E 为连接节点的带权重的边（即像素间的关系）的集合，通常情况下，连接像素 p 和 q 的边的权重 $w(p, q)$ 与 p 和 q 的相似度有关，相似度越高，权重越大。

代表性的基于图论的超像素生成算法有 NCuts[19]、LRW[29] 等。

1.NCuts （Normalized Cuts）

NCuts 算法[19] 的目标是得到一种将节点分组的方法，能使同一组节点间的相似度极高，不同组节点间的相似度极低。

节点的分组结果称为割（cut）。当把图 G 分为两个部分 A 和 B，$A \cup B=V$，$A \cap B=\Phi$，A 和 B 之间的相似度即为连接 A 和 B 的边的权重之和，记作：

$$\text{cut}(A, B) = \sum_{p \in A, q \in B} W(p, q) \tag{2.1}$$

这种定义割的函数被称为代价函数（cost function）。当 cut（A,B）的值最小时，得到的分割结果最佳，记作最小割（minimum cut）。

为防止某些单独的节点被分为独立的部分（small cut[86]），NCuts 定义了新的代价函数：

$$Ncut(A, B) = \frac{cut(A, B)}{asso(A, V)} + \frac{cut(A, B)}{asso(B, V)} \tag{2.2}$$

其中 $asso(A, V) = \sum_{p \in A, q \in V} W(p, q)$ 为 A 中节点至所有节点的边权重总和，相应地，$asso(B, V)$ 为 B 中节点至所有节点的边权重总和。节点 p 和 q 间的权重定义为：

$$w\left(p,\ q\right)=e^{\frac{-\|F_p-F_q\|_2}{\sigma_I}}*\begin{cases} e^{\frac{-\|X_p-X_q\|_2}{\sigma_X}}, & \text{if}\,\|X_p-X_q\|_2<\text{r} \\ 0, & \text{otherwise} \end{cases} \qquad (2.3)$$

其中，X 是节点的空间特征，F 是基于灰度值、颜色或纹理特征的特征向量，σ_I、σ_X、r 为参数，当两个节点之间的空间距离到达或超过 r 时，它们之间的权重为 0。NCuts 将求最小割的问题转化为矩阵求解的问题，再根据设定的超像素个数 N，进行迭代的二分过程，直到将图像节点分割为 N 组。

NCuts 在超像素生成时，加大了超像素尺寸的影响，避免了独立节点的出现，但其贴合物体边缘的能力较差，且计算复杂度较高，当图像尺寸较大或超像素个数较多时，NCuts 的速度较慢。

2.LRW（Lazy Random Walk）

LRW 算法[29] 是一种基于随机游走（Random Walk[87-88]）的算法，它由初始种子点开始，采用了一种带自循环（self-loops）的懒惰随机游走算法来生成超像素，节点 p 和 q 间的权重以及加入自循环后的邻接矩阵定义如下：

$$w\left(p,\ q\right)=exp\left(-\frac{\|g_p-g_q\|^2}{2\sigma^2}\right) \qquad (2.4)$$

$$w\left(p,\ q\right)=\begin{cases} 1-\alpha, & \text{if}\,p=q \\ \alpha\cdot w\left(p,\ q\right), & \text{if}\,p\sim q \\ 0, & \text{otherwise} \end{cases} \qquad (2.5)$$

其中 g 为相应节点的密度值，σ 为可设定参数，W 为一个稀疏的对称带状矩阵，其中非零的元素皆为正数，α 为取值范围为（0，1）的控制参数，$p\sim q$ 代表节点 p 和 q 相邻。同时算法设计了一个由数据项和平滑项组成的能量函数，通过对其进行优化得到更新后的种子点，进而迭代式修正超像素，直到生成最终的结果。

LRW 生成的超像素能够较好地平衡准确度和规整度，但同样因计算量较大而速度较慢。

2.2.2 基于聚类的超像素生成算法

聚类同样是图像分割领域中的一种主流算法，当用在超像素生成方向时，该类算法通常由种子点开始，根据像素的多种特征计算相应的距离函数来衡量两个元素之间的相似度，距离相近的像素聚合为一类，每一类即为一个超像素。

代表性的基于聚类的超像素生成算法有 SSS[34]、BGS[36]、SLIC[37]、LSC[40]、SNIC[41]、IMSLIC[44]、qd−CSS[45]、DBSCANSP[48]、CAS[49] 等。

1.SSS （Structure−sensitive Superpixels via Geodesic Distance）

SSS 算法 [34] 采用测地距离（geodesic distance[35]）来计算像素间的相似度。首先，它以间距 $\sqrt{K/M}$ 放置初始种子点，其中 $M<N$。接着，SSS 使用快速行进法（fast marching method[89]）来计算像素间的测地距离，距离函数为：

$$D_{SSS}（p，q）=\min P_{p,q}\int_0^1 D（P_{p,q}（t））\|P_{p,q}（t）\|dt \qquad （2.6）$$

其中，$P_{p,q}（t）$是一条连接像素 p 和 q 的路径，分别为 $t=0$ 和 $t=1$ 时。$D（x）$为用作距离增量的浓度函数，由 TurboPixels[47] 启发，其定义如下：

$$D（x）=e^{\frac{E（x）}{v}} \qquad （2.7）$$

$$E（x）=\frac{\|\nabla I\|}{G_\sigma\times\|I\|+\gamma} \qquad （2.8）$$

其中，v 是一个缩放参数，$E（x）$为一个将图像梯度 $\|\nabla I\|$ 标准化的边界测量函数，G_σ 是标准差为 σ 的高斯函数，γ 为一个消除极弱边缘过度影响的参数。像素的标记则为：

$$L（p）=\arg\min_l D_{SSS}（c_l，p） \qquad （2.9）$$

其中，c_l 为第 l 个超像素的中心点。通过该测地距离，当图像内容较复杂时，$E(x)$、$D(x)$ 及 D_{SSS} 均较大，所生成的超像素则较小。当生成初步的超像素后，SSS 通过最小化一个能量函数来更新中心点，并以新的中心点再次进行标记，依此进行迭代式的修正。这个过程中，若超像素的面积大于设定阈值，或其中心点距上次迭代时位置的位移极小，则将该超像素分隔为两部分，形成新的两个中心点，直到生成的超像素个数达到设定个数 N。若个数未达到 N 时已无超像素满足分隔条件，则选取最大的几个超像素进行分隔。当相邻两次迭代的能量变化小于设定阈值或迭代次数达到设定阈值时，算法终止。

SSS 生成的超像素较为规整，并且在图像内容复杂的区域面积较小，在内容较为均质的区域面积较大，即具有内容敏感性。但因计算量较大，其速度较慢，且准确度稍显不足。

2.BGS（Superpixels by Bilateral Geodesic Distance）

BGS 算法[36] 在 SSS 的基础上进行了一系列的改进。首先，其设计了一种基于六边形细分策略的初始种子点。接着，BGS 提出了一种新的基于种子点的图像梯度（seed-sensitive gradient），并通过该梯度利用改良的快速行进法设计并计算了一种新的测地距离，称为双边测地距离（bilateral geodesic distance），定义如下：

$$D_{BGS}(c_l, P) = \min\left\{ \int_0^1 D(c_l, P(t)) \cdot \|P_{p,q}(t)\| dt \right\} \tag{2.10}$$

$$D[c_l, P(t)] = e^{\frac{SSG(c_l, P(t))}{\sigma}} \tag{2.11}$$

$$SSG(c_l, P(t)) = \sqrt{g_R^2[c_l, P(t)] + g_G^2[c_l, P(t)] + g_B^2[c_l, P(t)]} \tag{2.12}$$

其中，c_l 为第 l 个超像素的中心，由其位置特征和颜色特征代表而成，$P(t)$ 为连接 c_l 与像素 p 的路径，t 为其参数，$D[c_l, P(t)]$ 为浓度函数，

SSG（c_l，$P(t)$）为 $P(t)$ 的基于种子点的图像梯度，它是一个定义 c_l 与 $P(t)$ 之间颜色差异的动态函数，σ 为控制参数，g_R、g_G、g_B 分别为图像的 RGB 颜色通过索贝尔因子计算得来的梯度分量。最后，超像素及其中心点根据最小化一个基于带权重的双边测地距离的能量函数来迭代地更新，直到达到终止条件。

BGS 同样能够生成内容敏感性超像素，其具有很高的规整度。在准确度和速度方面，BGS 较 SSS 均有提升，但仍不够理想。

3.SLIC（Simple Linear Iterative Clustering）

SLIC 算法[37] 采取了一种局部的 K-means 聚类[39] 来生成超像素。首先它以间距 $d=\sqrt{K/N}$ 生成网格，并将每个网格中心的 3×3 邻域内梯度最低的像素设置为种子点。接着，它以种子点为初始聚类中心，计算在其 $2d\times2d$ 邻域内的像素与其的距离，然后将该像素注上与和它距离最小的聚类中心相同的标记，此处的距离函数为：

$$D_{SLIC}(p,q)=\sqrt{\left[\frac{D_{col}(p,q)}{\lambda_c}\right]^2+\left[\frac{D_{pos}(p,q)}{\lambda_s}\right]^2}\qquad(2.13)$$

$$D_{col}(p,q)=\sqrt{(l_p-l_q)^2+(a_p-a_q)^2+(b_p-b_q)^2}\qquad(2.14)$$

$$D_{pos}(p,q)=\sqrt{(x_p-x_q)^2+(y_p-y_q)^2}\qquad(2.15)$$

D_{col} 为两个像素 p 和 q 在 CIELAB 色彩空间上的颜色距离，l、a、b 是像素的颜色特征，D_{pos} 是两个像素空间位置上的欧几里得距离，x 和 y 是像素的空间位置坐标，λ_c 和 λ_s 分别为颜色和空间上的权重参数。在实际应用中，距离函数可简化为：

$$D_{SLIC}(p,q)=\sqrt{\left[D_{col}(p,q)\right]^2+\lambda\cdot\left[\frac{D_{pos}(p,q)}{d}\right]^2}\qquad(2.16)$$

　　其中，λ 为规整度参数，d 是为了使空间距离归一化。这个标记的过程是迭代的。每当一遍标记完成后，即更新聚类中心为生成的超像素的中心，并计算新旧聚类中心之间的差异，当差异小于等于设定阈值或迭代次数到达设定值时，迭代终止。这时的结果可能存在孤立的超像素，因此，SLIC 增加了一个后处理的过程将孤立的超像素融合进与它最近的超像素中，以保证超像素的连通性。

　　SLIC 能够较好地平衡超像素的准确度和规整度，它通过将 K-means 聚类局部化使用，提升了效率，具备较快的速度。但其生成的超像素离高准确度仍有一定的差距，且因其在后处理时的超像素融合，SLIC 实际生成的超像素数量往往较大程度地少于设定的数量。

4.LSC（Linear Spectral Clustering）

　　LSC 算法[40] 将 K-means 聚类与图论的方法相结合，将图像像素转换到一个十维的特征空间中，并以迭代的加权 K-means 聚类来优化 NCuts 中的代价函数。对于图 $G=（V，E，W）$，V 为节点的集合，E 为边的集合，W 为节点之间的相似度函数，LSC 将像素 p 与 q 之间的 W 定义为：

$$W_{LSC}（p，q）=\lambda_s^2\left[\cos\frac{\pi}{2}（x_p-x_q）+\cos\frac{\pi}{2}（y_p-y_q）\right]+\lambda_s^2\left[\cos\frac{\pi}{2}（l_p-l_q）+\right.$$

$$\left.2.55^2\left(\cos\frac{\pi}{2}（a_p-a_q）+\cos\frac{\pi}{2}（b_p-b_q）\right)\right] \tag{2.17}$$

　　其中，λ_s 和 λ_c 分别为空间和颜色信息的权重参数，x 和 y 是节点的空间位置坐标，l、a、b 是节点的颜色特征。

　　同时，LSC 利用一个核函数 φ 将像素 p 的五维特征转换到十维特征空间，并在这个十维空间进行加权的 K-means 聚类，每个像素的权重记作 ω，就近似于在原空间进行 NCuts 分割，φ 和 ω 的计算方式如下：

$$\varphi\left(p\right)=\frac{1}{\omega\left(p\right)}\left(\lambda_c\cos\frac{\pi}{2}l_p,\ \lambda_c\sin\frac{\pi}{2}l_p,\ 2.55\lambda_c\cos\lambda_c\frac{\pi}{2}a_p,\right.$$

$$2.55\lambda_c\sin\frac{\pi}{2}a_p,\ 2.55\lambda_c\cos\frac{\pi}{2}b_p,\ 2.55\lambda_c\sin\frac{\pi}{2}b_p,\ \lambda_s\cos\frac{\pi}{2}x_p,$$

$$\left.\lambda_s\sin\frac{\pi}{2}x_p,\ \lambda_s\cos\frac{\pi}{2}y_p,\ \lambda_s\sin\frac{\pi}{2}y_p\right) \tag{2.18}$$

$$\omega\left(p\right)=\sum_{q\in V}W_{LSC}\left(p,\ q\right)=\omega\left(p\right)\varphi\left(p\right)\cdot\sum_{q\in V}\omega\left(q\right)\varphi\left(q\right) \tag{2.19}$$

不同于 SLIC 只对图像的局部信息进行分析，LSC 考虑了像素间基于全局信息的关系，并通过结合聚类和图论的方式，使算法具备线性的计算复杂度，比 NCuts 更有效率。其生成的超像素具有较高的准确度和规整度，然而仍存在着较大的改进空间。

5.SNIC（Simple Non-iterative Clustering）

SNIC 算法 [41] 是 SLIC 的一种改进版本。SNIC 采用与 SLIC 相同的距离函数来度量像素与中心之间的关系，不同的是，SLIC 通过迭代来更新中心信息，而 SNIC 通过一个优先级序列来选择下一个加入该类的像素，并在线更新中心信息，因此 SNIC 不需要迭代，它可以快速到达收敛条件并一次性生成结果。另一个改进点为，SNIC 从初始开始即保证了超像素的连通性，不需要像 SLIC 再增加后处理的步骤。

由于 SNIC 是非迭代的算法，且不需要后处理来保证连通性，因此其具有较快的速度，且计算简单，更易使用，但其结果的准确度仍需提高。

6.IMSLIC（Intrinsic Manifold SLIC）

IMSLIC 算法 [44] 对 SLIC 进行了延伸，以生成内容敏感性超像素。它将二维空间上的像素转换到了一个融合了颜色信息的五维空间内，即 $\Phi\left(x,\ y\right)=\left(\lambda_s x,\ \lambda_s y,\ \lambda_c l,\ \lambda_c a,\ \lambda_c b\right)$，$x$ 和 y 是像素的二维空间位置坐标，l、a、b 是像素的颜色特征，λ_s 和 λ_c 为伸展参数，并在这个五维空间上使用与公式（2.13）相同的距离函数。基于此，IMSLIC 设计了一种基于测地距离的中心泰森多边形（geodesic centroidal Voronoi tessellation， GCVT）来标记像素，并利用 Lloyd 算法[90]来对其进行快速计算。在融合了颜色信息的五维空间里，像素间颜色波动越大，其空间距离也越大，当五维空间内生成的均匀超像素转换回相应的原始二维图像上，颜色波动越大的区域生成的超像素面积就越小，因此最后得到的超像素在颜色复杂的区域较为密集，在颜色单一的区域较为稀疏，即呈现内容敏感性。

IMSLIC 可以按照设定生成恰好数量的超像素，生成的超像素具备较高的规整度，具有内容敏感性，但其计算量较大，速度较慢，准确度不高，且没有考虑噪声和纹理带来的影响。

7.qd-CSS（Content-Sensitive Superpixels Using Q-distances）

Qd-CSS 算法[45]同样将二维空间内的图像像素转换至高维空间来生成内容敏感性超像素。与 IMSLIC 不同的是，它设计了一种新的 GCVT 计算方式。首先，qd-CSS 在 GCVT 上引入了 K-means++[91]来生成高质量的初始中心。然后，在迭代式的聚类过程中，qd-CSS 采用了一种无中心（centroid-free）的完善策略。最为重要的是，为解决 GCVT 计算量稍大的问题，qd-CSS 设计了一种可快速计算的基于队列的图距离（queue-based graph distance， q-distance），来代替聚类过程中的最短距离。

Qd-CSS 能够以 6—8 倍于 IMSLIC 的速度生成恰好数量的高规整度的内容敏感性超像素，但相同地，它也没有考虑噪声和纹理所带来的影响，且在准确度上表现不佳。

8.DBSCANSP（Superpixel Segmentation by Density-Based Spatial Clustering of Applications with Noise Algorithm）

DBSCANSP 算法[48]是一种采用具有噪声的基于密度的聚类方法（Density-Based Spatial Clustering of Applications with Noise[92]）的算法，它将超像素生成分为两个阶段：聚类阶段和融合阶段。首先，DBSCANSP 从左上角的像素开始以局部的聚类算法依次标记其符合条件的相邻像素，直到该类中像素个数超过阈值 K/N，或已标记的像素周围无符合条件的未标记像素，依此类推再以剩余像素中的左上角为下一个种子点重复这个标记过程，直到所有像素均被标记。这个聚类阶段生成的结果中会含有很多极小的超像素，因此 DBSCANSP 设计了一个融合阶段，将含有像素数量小于一个阈值的超像素与其他超像素融合，进而生成最后的结果。

由于 DBSCANSP 不需要迭代，它具有极快的速度。但其准确度不高，且因其融合了一部分超像素，所以最终生成的超像素数量往往远小于设置数量。

9. CAS（Content-adaptive Superpixel）

CAS 算法[49]是一个迭代的局部线性聚类算法，像素 p 和 q 之间的距离函数为：

$$D_{CAS}(p, q) = \sqrt{\sum_{j \in \delta} \omega_j^\beta D_j^2(p, q)} \qquad (2.20)$$

其中，δ 为颜色特征、空间特征、梯度特征和纹理特征的集合，ω 为相应特征的权重，β 为扩大权重的参数，$D(p, q)$ 为相应特征的距离函数。特别地，在计算梯度特征的距离函数时，CAS 将小于阈值 θ_1 的梯度统一降为 0，将大于阈值 θ_2 的梯度统一设置为 $\theta_2-\theta_1$（$\theta_2>\theta_1$）。不同于其他算法使用固定的一组权重参数，CAS 根据每幅图像的内容自动计算相应的权重，并在每次迭代中对权重进行更新。最后，CAS 使用与 LSC 相同的后处理来保证超像素的连通性。

CAS 能够自动设置各特征的参数，进而生成内容适应性超像素，其考量了纹理特征，并通过梯度特征的阈值化处理一定程度上对非物体边缘的像素进行筛选，生成的超像素具有较高的准确度。但其各特征之间仍然存在着较强的制约性，导致生成的超像素在准确度和规整度上的平衡仍有欠缺。

2.2.3 基于分水岭的超像素生成算法

基于分水岭的超像素生成算法将图像的梯度图看作是一个逐渐被水淹没的地表，梯度为峰值的地方即为分水岭，当水从种子点处以一定原则向外漫延时，最后被淹没的边即为超像素的边界。

此系列的算法均是通过如图 2.2 所示的一组优先级队列实现的。首先将标记过的全部种子点推入优先级最高的第一队列中，再依次将它们推出。每推出一个像素，即计算与其相邻的未被标记过且未在队列中的像素的优先级，并根据优先级将其推入相应的队列中等待处理。当全部种子点皆被推出后，再按照优先级的顺序由高至低推出第一个非空队列中的像素并将其标记为相邻的具有标记的像素的同类，再同样地处理并推入其相邻的未被标记过且未在队列中的像素。如果其相邻的像素存在不同的标记，则将其标注为边界像素，并停止对其周围像素的计算和推入。按照这个方式，图像中的所有像素依次被标记，当所有像素皆被标记后，处理停止，得到

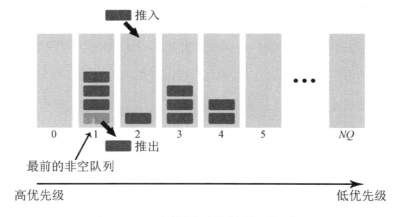

图2.2 运用一组优先级队列进行处理的示意图

Fig. 2.2 Processing using a set of ordered priority queues

生成的超像素。而此系列算法的主要不同之处就在于每种算法有其独特的优先级计算方式。

代表性的基于分水岭的超像素生成算法有 WS[17]、CW[42]、WP[54]、SCoW[55] 等。

1.WS（Watershed Transformation）

WS 算法 [17] 是最早的基于分水岭的超像素生成算法。在 WS 中，像素的优先级等价于它的梯度，即：

$$P_{WS}(p) = g(p) \tag{2.21}$$

由于 WS 的处理并不进行迭代，所以它具有极快的速度。但因其没有考虑空间上的约束，所以生成的超像素极其不规整。

2.CW（Compact Watershed）

CW 算法 [42] 针对 WS 生成的超像素不规整这个问题，在优先级的计算上添加了空间约束，其优先级定义为：

$$P_{CW}(p) = g(p) + \frac{4 \cdot \lambda \cdot n}{h \cdot w} \cdot D_{path}(p) \tag{2.22}$$

其中，λ 为规整程度参数，$D_{path}(p)$ 为通过种子点到达像素 p 的路径的长度，$\dfrac{4 \cdot n}{h \cdot w}$ 是为了归一化空间约束的权重，使其不受图像的放大或缩小影响。

CW 同样不进行迭代，具有极快的速度，且生成的超像素可具备规整的形状，但其准确度并不理想。

3.WP（Waterpixels）

WP 算法 [54] 的优先级定义与 CW 相似：

$$P_{WP}(p) = g(p) + \sqrt{\frac{4 \cdot n}{h \cdot w}} \cdot \lambda \cdot D_{pos}(p) \tag{2.23}$$

其中，λ 为规整程度参数，$D_{pos}(p)$ 为像素 p 与相应种子点的欧几里得距离，$\sqrt{\dfrac{4 \cdot n}{h \cdot w}}$ 同样是为了归一化空间约束的权重。WP除了改进了优先级的计算方法，还提出了两种不同的种子点初始方式。一种是取六边形网格的角点为种子点，另一种是根据图像梯度生成泰森多边形网格并以各多边形中心作为种子点，第二种初始方式得到的结果准确度更佳。另外，在进行超像素生成之前，宜先对图像做一个预处理［先进行区域开放（area opening），接着进行区域封闭（area closing）］来移除图像冗余的细节信息。

虽然WP同样不进行迭代，但因其较为复杂的种子点初始方式以及预处理步骤，其速度要慢于WS和CW，同时，其准确度也并不理想。

4.SCoW（Watershed Superpixel）

SCoW算法[55]则在空间约束上加入了梯度信息，其优先级计算方法为：

$$P_{SCoW}(p) = g(p) + \lambda \cdot e^{\frac{-g(p)}{\alpha}} \cdot D_{pos}(p) \qquad （2.24）$$

其中，λ和α同时为规整程度参数。

SCoW生成的超像素较之CW和WP都更为规整，但准确度却有所下降。

2.2.4　基于能量优化的超像素生成算法

基于能量优化的超像素生成算法通常通过最小化一个能量函数来确定像素的归属，这个能量函数往往是由像素的特征以及生成边界的特性计算而来。

代表性的基于能量优化的超像素生成算法有SEEDS[57]、ETPS[58]、ECCPDS[61]等。

1.SEEDS（Superpixels Extracted via Energy-Driven Sampling）

SEEDS算法[57]从初始区块开始，通过能量优化来不断地修正边界像素，进而完善生成的超像素。SEEDS的能量函数为：

$$E_{SEEDS} = E_{col} + \lambda \cdot E_{sha} \qquad (2.25)$$

其中，E_{col} 为颜色分布项，它衡量了超像素的颜色分布情况，优化该能量旨在生成颜色均匀的超像素，E_{sha} 为边界项，它衡量了超像素的形状，优化该能量旨在生成形状规则边界平滑的超像素，λ 为规整程度参数。另外，SEEDS 设计了一种区块级（block-level）的更新策略，由修正边界区块逐渐细化到修正边界像素。

SEEDS 具有较快的速度，但因对颜色敏感，其生成的超像素规整度较低，即使是在图像内容单一和颜色较为均质的区域，超像素的形状也不规则边界也不平滑。

2.ETPS（Real-time Coarse-to-fine Topologically Preserving Segmentation）

ETPS 算法 [58] 同样是从初始区块开始，采用由区块到像素的由粗到精（coarse-to-fine）的迭代策略来不断修正边界像素，其在边界标记 [93] 的基础上提出了一个更有效率的优化策略。ETPS 的能量函数为：

$$E_{ETPS} = E_{col} + \lambda_p \cdot E_{pos} + \lambda_b \cdot E_{boun} + \lambda_t \cdot E_{topo} + \lambda_s \cdot E_{size} \qquad (2.26)$$

E_{col} 是促进超像素颜色均匀性的外观统一项，E_{pos} 是促进超像素规整度的形状规整项，E_{boun} 是鼓励超像素具有较短边界的边界长度项，E_{topo} 是保证超像素连通性的拓扑保持项，E_{size} 是规定了超像素含有像素个数下限的最小尺寸项，λ_p、λ_b、λ_t、λ_s 分别为相应项的权重参数。E_{pos}、E_{boun}、E_{size} 为非强制性的项，其权重参数可为 0。

ETPS 能够达到较高的准确度，但其速度较慢。

3.ECCPDS（Convex and Compact Superpixels by Edge-constrained Centroidal Power Diagram）

ECCPDS 算法 [61] 是一种生成凸状多边形超像素的算法，它将超像素生成转化为一个边缘约束的中心权重图（Edge-Constrained Centroidal Power Diagram[62]，ECCPD）优化问题。首先，ECCPDS 采用 RCF（Richer

Convolutional Features[94]）来检测图像中物体的边缘，并将初始分布点（sites）放置在所检测的边缘周围。接着，通过迭代地更新每个分布点的权重以及分布点的位置来修正权重图中的细胞（power cell），即超像素。最后，通过一个后处理的步骤，将生成的超像素边界调整至更贴合范围内物体边缘点的位置。

因 ECCPDS 根据物体边缘来放置初始分布点，以及其采用的权重计算与像素间的颜色差异有关，所以其生成的超像素在内容复杂的区域尺寸较小，在内容单一的区域尺寸较大，即具有内容敏感性。且因其为凸形多边形超像素，所以具有极高的规整度，但其准确度不高，且速度较慢。

2.2.5　基于高斯混合模型的超像素生成算法

基于高斯混合模型的超像素生成算法将超像素生成转化为高斯分布与高斯函数的关系。

代表性的基于高斯混合模型的超像素生成算法为 GMMSP[67]。

GMMSP（Superpixel Using Gaussian Mixture Model）算法将每个超像素对应一个高斯分布，将每个像素描述为一个带权重的高斯函数集合（即高斯混合模型[95]的核心）。不同于其他高斯混合模型，GMMSP 中高斯函数的权重是恒定的，以保证生成相似大小的超像素。另外，为减少计算量，GMMSP 为每个独立像素设计了一种像素相关（pixel-related）高斯混合模型，即其中的高斯函数为所有高斯函数的一个子集，且与该像素的空间位置相关，因此只有一部分像素被用来估算给定高斯函数的参数。

GMMSP 生成的超像素具有较高的准确度，但对颜色较为敏感，受噪声和纹理等影响，其边缘有时会极为扭曲毛糙，因此规整度会受到影响。

2.2.6　基于深度学习的超像素生成算法

深度学习是当下的热门技术，在众多领域拥有广泛的应用。为匹配这些应用，一些基于深度学习的超像素生成算法近年来陆续被提出。这类算法往往通过结合深度神经网络与传统超像素生成算法来获得最终的超像素结果。

代表性的基于深度学习的超像素生成算法有 SEAL[73]、SSN[74] 等。

1.SEAL（Learning Superpixels with Segmentation-aware Affinity Loss）

SEAL 算法 [73] 建立了一个深度网络来获取像素亲密度（pixel affinities），在这基础上，它与基于图论的超像素生成算法相结合，设计了一个感知分割 （segmentation-aware）的损失函数，用以反馈给深度网络调整参数。

SEAL 生成的超像素具有较高的准确度，但其规整度较低，即使是在颜色较为单一的区域，超像素的形状也不够规则。

2.SSN （Superpixel Sampling Networks）

SSN 算法 [74] 利用深度网络生成像素特征，再利用这些特征通过一个可微分的 SLIC 算法生成超像素。

SSN 是端到端可训练的（end-to-end trainable），可以加入到其他深度网络架构中，且具有极快的速度，其生成的超像素具有较高的规整度，但其准确度仍有提升的空间。

2.2.7　内容适应性超像素生成算法

一幅图像可根据不同的内容标准分为不同的区域，这些标准可为 "有无物体边缘" "内容单一或复杂" 等。在几种超像素生成算法中，如表 2.1 所示，部分算法能够根据图像的内容标准生成不同特性的超像素（内容敏感性和内容差异性）。这类算法被统称为内容适应性超像素生成算法。其中，内容敏感性布局使超像素在物体密集的区域面积较小（如图2.3中的人物），在物体稀疏的区域面积较大（如图2.3中的背景）；内容差异性布局使超像素在有物体边缘处更体现贴合边缘（如图2.3中的人物），在无物体边缘处更着重约束形状（如图2.3中的背景）。

常规超像素　　　　　　内容敏感性超像素　　　　　内容差异性超像素

图2.3　三种超像素布局样式

Fig. 2.3　Three layouts of superpixels

内容敏感性和内容差异性超像素生成的一些代表性算法及其关系如图2.4所示。其中，SLIC[37]、FuzzySLIC[46]、ANRW[30]、PHS[33]、CW[42]、GMMSP[67]、ETPS[58]、SLAD[72]具有常规布局。

1. 内容敏感性超像素生成算法

这种算法在图像内容复杂的区域生成面积较小分布较密集的超像素，反之在内容单一的区域则生成面积较大分布较稀疏的超像素。它们通过对超像素进行更合理的排布来规避超像素数量不足等问题，以及缓解准确度和规整度之间的冲突，通常拥有较高的规整度。代表算法有SSS[34]、BGS[36]、IMSLIC[44]、qd-CSS[45]、ECCPDS[61]、DRW[31]、TRS[56]、ISF[32]、

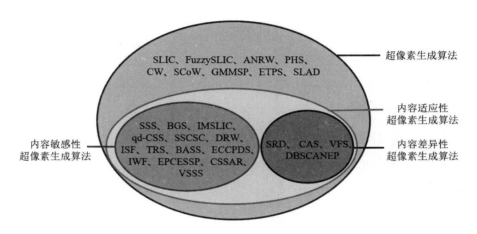

图2.4　超像素生成算法的关系

Fig. 2.4　Relationship of superpixel methods

VSSS[69]、CSSAR[70]、EPCESSP[71]、SSCSC[51]、BASS[68]、IWF[64] 等。

SSS 和 BGS 在空间约束的计算上，分别使用测地距离和双边测地距离，即在位置特征的基础上增加了路径间的颜色信息，使得颜色越复杂差异越大的区域具有更大的空间约束，此时生成的超像素则面积越小，因而具备内容敏感性。

IMSLIC 和 qd–CSS 是将二维空间内的像素结合其颜色信息转换至高维空间，在这个高维空间内计算它的测地距离作为空间约束，同样使颜色差异越大的区域产生面积越小的超像素，即具备内容敏感性。

ECCPDS 则是借用边缘检测技术将初始分布点直接放置在物体边缘周围，并采用与颜色差异有关的权重计算，使得超像素具有内容敏感性。

DRW、TRS、ISF、VSSS 将种子点更多地种植在有物体边缘的区域，以生成较为密集的超像素。CSSAR 通过一个适应性的再生长策略来进行区域性种子点的补放，增加了颜色复杂区域的超像素数量；EPCESSP 通过图像内容的复杂度决定初始区块的分布密度；SSCSC 通过子空间聚类使超像素更好地聚焦细节处边缘；BASS 采用分割和融合的方式来调整超像素的大小；IWF 根据物体边缘信息对图像进行转换，转换空间上的均匀超像素于原始图像上即呈现内容敏感性。

如上算法皆具有极高的规整度，但因其同样使用准确度特征项和规整度特征项互相博弈的处理标准来无差异地对待全局像素，所以其缓解准确度和规整度之间冲突的能力仍然有限，会因规整度过高而准确度不足。且因测地距离和高维空间等的计算复杂度高、计算量较大，SSS、BGS、IMSLIC、qd-CSS 等算法均耗时较长，不适宜多数实际应用。

2. 内容差异性超像素生成算法

这种算法能够根据图像内容的性质差异化对待其中的像素，比起常规算法，其具有更强的适应性。代表算法为 CAS[49]、SRD[52]、VFS[53]、DBSCANEP[50] 等。

CAS 可根据图像内容自动计算各特征项的权重系数，以制定适应内容的差异化处理标准，其采用了纹理特征，并在梯度特征项上对低于某阈值和高于另一阈值的部分进行抹平，从而一定程度上对物体边缘做出了筛选。

SRD 将图像分为有物体边缘和无物体边缘两种区域，分别生成超像素，再进行融合。

VFS、DBSCANEP 则使不同区域的超像素具有不同程度的规整度约束。

内容适应性超像素生成算法的核心是基于图像内容的区域划分。

在划分方式上，一些算法主要依赖梯度、纹理等信息或边缘检测的手段，其中，TRS、SRD、DBSCANEP 分别通过局部梯度趋势、颜色的亮度信息和高斯滤镜优化了边缘检测算法。

在表现形态上，SRD 根据图像内容对图像区域进行了硬性分离，在不同区域使用不同的特征进行处理，两种区域区分明显。一些算法则通过对特征权重进行了适应性的差异化赋值，使两种区域的超像素形态有一定的变化，属于柔性调整，如：DRW 在权重计算中加入了梯度进行调整；VSSS 在不同的处理阶段侧重使用不同的特征；VFS、TRS、CAS、EPCESSP 根据图像的内容特性自动计算并调整权重。

柔性调整虽对全局的把控较为均衡，但其本质仍是不同性质特征的博弈，对准确度与规整度互制关系的缓解较为有限。硬性分离的做法能够较为充分地解除不必要的互制，但前提是内容区分足够精准。

2.3 超像素生成算法的评价指标

对于超像素的生成结果，除了视觉上的主观感受之外，还存在着众多通用的客观评价指标[14,63-65]，这些指标主要从生成结果的准确度、规整度以及速度上进行量化评价。本节将重点介绍几种常用的评价指标：边界召回率[96]（Boundary Recall，BR）、欠分割率[33,42,47,63]（Under-segmentation Error，UE）、分割准确率[26]（Achievable Segmentation Accuracy，ASA）、诠释差异度[97]（Explained Variation，EV）、规整度[98]（Compactness，CO）以及运行时间。

首先，对于图像 $I = \{p_k\}_{k=1}^K$（K 为像素个数），令 $G = \{G_i\}$ 代表其分割的参考标准（Ground Truth），$S = \{s_j\}_{j=1}^n$ 为生成的超像素，n 为实际生成的超像素个数，则超像素生成算法的相关评价指标定义如下所述。

2.3.1 边界召回率（BR）

边界召回率[96] 衡量了超像素边缘贴合图像中物体边缘的能力，代表着在 G 的周边范围内存在超像素边缘的比率，定义如下：

$$BR = \frac{TP}{TP + FN} \qquad (2.27)$$

其中，TP 和 FN 分别代表在 G 的邻域范围内存在和不存在 S 边界的像素个数。在本书的实验中，邻域范围相同，设定为（2r+1）×（2r+1），r为图像对角线长度的 0.0025 倍。通常情况下，边界召回率越高，代表超像素贴合边缘的能力越强，最佳值为 100%。

2.3.2 欠分割率（UE）

欠分割率[33,42,47,63] 是超像素没能覆盖图像中物体的区域比率，它衡量了超像素与参考标准间存在的误差，本书采用 NevBert[83] 这一版本的计算方式，它的定义如下：

$$UE = \frac{1}{K} \sum\nolimits_{G_i} \sum\nolimits_{s_j \cap G_i \neq \Phi} \min\{\,|s_j \cap G_i|,\ |s_j - G_i|\,\} \qquad (2.28)$$

通常情况下，欠分割率越小，代表超像素的准确度越高，最佳值为 0。

2.3.3 分割准确率（ASA）

分割准确率[26] 是超像素能够覆盖图像中物体的区域最大比率，它衡量了超像素能够分割图像中物体的能力，定义如下：

$$ASA = \frac{1}{K} \sum\nolimits_{s_j} \max\nolimits_{G_i} |s_j \cap G_i| \qquad (2.29)$$

通常情况下，分割准确率越大，代表超像素可识别图像中物体的能力越强，它与欠分割率虽不是完全相反，但一定程度上两者存在着负相关的联系[14]，其最佳值是 100%。

2.3.4 诠释差异度（EV）

诠释差异度[97] 是不依赖于参考标准的一个评价指标，它衡量了超像素诠释图像颜色变化的能力，其定义如下：

$$EV = \frac{\sum_{s_j} |s_j| \left(\mu\left(s_j \right) - \mu\left(I \right) \right)^2}{\sum_{p_k} \left(I\left(p_k \right) - \mu\left(I \right) \right)^2} \tag{2.30}$$

其中，$\mu\left(S_j \right)$ 和 $\mu\left(I \right)$ 分别是超像素 S_j 和图像 I 的平均颜色。通常情况下，诠释差异度越大，代表超像素的质量越好。

2.3.5　规整度（CO）

规整度[98] 是衡量超像素形态规整程度的一个评价指标，当超像素的形状越接近于圆形的时候，它的规整度越好，其定义如下：

$$CO = \frac{1}{K} \sum_{s_j} |s_j| \frac{4\pi A\left(s_j \right)}{P\left(s_j \right)} \tag{2.31}$$

规整度将超像素 S_j 的面积 $A\left(S\_j \right)$ 与和 S_j 具有相同周长的圆形的面积 $P\left(S\_j \right)$ 相对比，得到的值越大代表超像素的形态越规整。

2.3.6　运行时间（Time）

一个超像素生成算法的运行时间是指从读取外部参数开始，直到生成全部的像素标记为止的全过程的总时长，它一定程度上与算法的计算复杂度和计算量有关，它衡量了超像素生成算法的速度，也是一个十分重要的评价指标。

2.4　超像素的应用

超像素生成是对像素特征的一种提取，是图像内容的更高阶表达。如上文所述，当超像素代替像素被用作最基本的处理单元时，可减少计算量从而节省时间和内存，同时，超像素具有表征物体边缘等作用，因此超像素生成技术常被作为预处理或辅助处理的工具被广泛应用于多种图像处理任务中，如图像分割[1-4]、物体检测[5-7]、目标追踪[8-9]、场景理解[10-12]、三维重建[13]等，进而服务于国内外众多领域，如医疗[3,99]、交通[100-101]、工业[102-103]、农业[104-105]等。

此小节将以超像素在医学领域图像分割任务及在交通领域目标追踪任务中的应用举例，分别展示超像素的预处理和辅助处理作用。

2.4.1 超像素作为预处理工具的应用

医学图像中的器官或病灶分割可帮助医生了解患者病情、制订手术计划、评估手术成效等，是计算机辅助诊断中的重要功能之一。医疗图像（CT、MRI 等），大多为三维图像，往往拥有大量的像素。在对医疗图像进行分割时，无论是将算法直接应用于三维像素群，还是将算法依次应用于二维的图像序列，都面临着因计算量大而导致耗费时间长的问题，给实际使用带来不便。

在此任务中引入超像素生成技术作为对分割图像的一种预处理，可大幅减少计算量以提高处理速度。同时，因超像素具有贴合物体边缘等特性，对其加以合理利用，还可提升任务的整体处理质量。SPRWAC 算法[99] 即为此应用的一个案例。

SPRWAC 算法是一个半自动的肝脏切割算法，它在 RWNBT 算法[106-107]的基础上加入了超像素的预处理和后期的轮廓修正。使用者选定三维医学图像中的某几帧进行前背景标记（前景即为需切割的肝脏，背景即非肝脏的无用区域），算法根据标记进行逐帧的肝脏切割，流程如图 2.5 所示（浅色线为前景标记，深色线为背景标记，输出中的深色覆盖处为分割结果）。

首先，算法将医学图像进行超像素分割，如图 2.5 中（b），再以超像素为处理单位进行逐帧的随机游走（Random Walk[87], RW）分割，如图 2.5 中（c）（f）–（n），最后以改良的活动轮廓（Active Contour[108], AC）模型进行完善，如图 2.5 中（d）（o）。

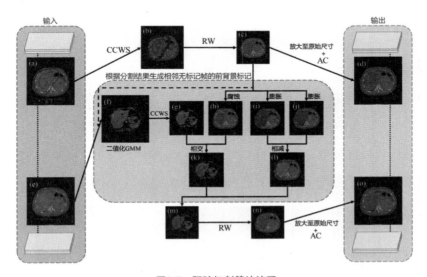

图2.5　肝脏切割算法流程

Fig. 2.5　Processing framework of SPRWAC

　　这个过程中，为使超像素能够更充分地贴合肝脏的边缘，算法设计了一个对比度增强的 CW 改进算法，即 CCWS（Contrast-enhanced Compact Watershed Superpixel），在计算优先级时，加入了基于前景标记的对比度增强，公式如下：

$$P_{CCWS}(p) =$$

$$\begin{cases} \frac{4 \cdot \lambda \cdot n}{h \cdot w} \cdot D_{spa}(p), & \text{if } c(p) \leqslant c_{mean} - \frac{c_{max}-c_{min}}{2\alpha} \\ \alpha \cdot g(p) + \frac{4 \cdot \lambda \cdot n}{h \cdot w} \cdot D_{spa}(p), & \text{if } c_{mean} - \frac{c_{max}-c_{min}}{2\alpha} < c(p) < c_{mean} + \frac{c_{max}-c_{min}}{2\alpha} \\ \frac{4 \cdot \lambda \cdot n}{h \cdot w} \cdot D_{spa}(p), & \text{if } c(p) \geqslant c_{mean} + \frac{c_{max}-c_{min}}{2\alpha} \end{cases}$$

$$（2.32）$$

　　其中，λ 为规整程度参数，α 为对比度参数，$c(p)$、c_{mean}、c_{max}、c_{min} 分别为像素 p 的灰度值、前景标记的平均灰度值、图像中最大及最小的灰度值。

当以超像素为单位进行后续处理时，含有前景像素的超像素为前景标记，含有背景像素的超像素为背景标记，图 2.6 展示了这个过程，（1）组为带标记的原始图像；（2）组为生成的超像素；（3）组为超像素图和转换的标记。

在对标记帧进行 RW 切割后，基于已获得的结果，接下来以同样的方式逐一对相邻帧进行处理。首先，如图 2.5 中（f）所示，对相邻帧进行基于高斯混合模型（GMM）的二值化，保留与前景标记相似的像素为备选点；接着，如图 2.5 中（g）-（m）所示，获得该相邻帧中的前背景标记，并根据该标记进行分割，得到的结果为下一相邻帧的标记参考。以此类推，得到全部图像序列的分割结果。

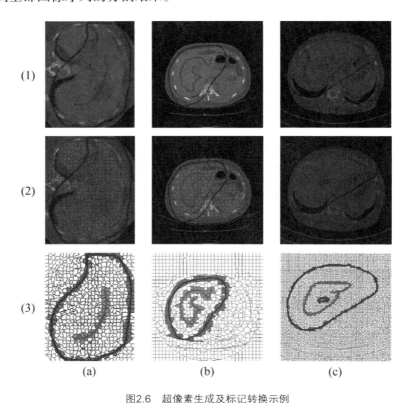

图2.6　超像素生成及标记转换示例

Fig. 2.6　Examples of the superpixels segmentation and the marks transfer

最后，如图 2.5 中（d）（o）所示，将得到的结果还原为原始大小，此时由于超像素的误差以及 RW 本身的误差，得到的结果会略显粗糙，因此本节算法加入了 AC 模型来完善分割结果。受肝脏肿瘤分割专用模型[109]的启发，本节算法改良了 Chan-Vese（CV）模型[108]，并采用 Sparse Field[110]的方式来快速地变换轮廓，得到最后的分割结果。

为证明超像素的作用以及对比整体的算法能力，基于 3D-IRCADb[111]数据集（共 20 幅三维医学图像）的对比实验展示如下。评价指标分别为 Dice Similarity Coefficient[112]（DSC）、Volumetric Overlap Error[113]（VOE）、Absolute Relative Volume Difference[113]（VD）、Average Symmetric Surface Distance[113]（AVD）、Average Symmetric RMS Surface Distance[113]（RMSD）、Maximum Surface Distance[113]（MaxD）以及运行时间（Time）。其中，DSC 和 VOE 衡量了结果的整体准确性，DSC 越高越好，VOE 越低越好，VD 为负代表切割过多，VD 为正代表切割不足，VD 为 0 为最佳，AVD、RMSD、MaxD 为不同方式衡量切割结果与参考标准之间边缘距离的指标，皆为越小越好。

图 2.7 展示了二维的分割结果对比。其中，（a）组为一个健康肝脏的结果，（b）组为一个有多个内在肿瘤的肝脏的结果，左数第一列为标记帧，浅色线为前景标记，深色线为背景标记，二到六列分别为 RW[87]、RWNBT[106-107]、LRW[29]、subRW[114]、SPRW（基于超像素的 RW，即未做 AC 部分的本节算法）和本节算法的分割结果，浅色轮廓为参考标准，深色轮廓为各算法的分割结果。

可以看到，在标记帧上，加入 CCWS 的算法（SPRW）与原始的 RWNBT 算法相比，DSC 相差不大，但时间大幅减少。另外，本节的完整算法 SPRWAC 在保持速度优势的同时，得到的 DSC 超越了 RWNBT，与 RW、LRW、subRW 相比，本节算法的准确度和速度皆明显更好。这说明

CCWS在保持后续处理成效的基础上提高了处理速度，结合AC模型的完善，提升了处理质量，验证了超像素的有效性。

前背景标记

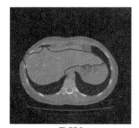
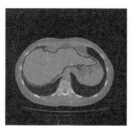
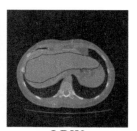

RW
DSC=91.01% Time=0.79s

RWNBT
DSC=98.02% Time=0.81s

LRW
DSC=88.89% Time=2.45s

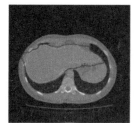
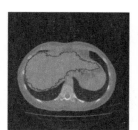
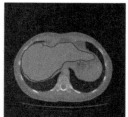

subRW
DSC=89.90% Time=23.38s

SPRW
DSC=97.48% Time=0.09s

SPRWAC
DSC=98.35% Time=0.15s

（a）数据14第87帧

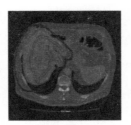

前背景标记

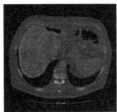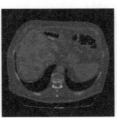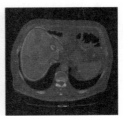

RW
DSC=94.68% Time=0.83s

RWNBT
DSC=97.93% Time=0.85s

LRW
DSC=94.58% Time=2.45s

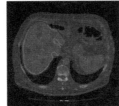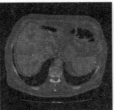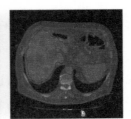

subRW
DSC=94.37% Time=383.71s

SPRW
DSC=97.89% Time=0.11s

SPRWAC
DSC=98.07% Time=0.18s

（b）数据6第104帧

图2.7　二维的分割结果对比

Fig. 2.7　Comparison of 2D segmentation

　　表 2.2 和图 2.8 展示了本节算法与 CV、RW、LRW、subRW、RWNBT 以及一些全自动算法 [115-119] 的对比结果。其中 CV 和 RM 分为 3D 版本和 2D 版本，即直接处理三维邻域关系和逐帧处理二维邻域关系，由于 3D 版本的 RW 算法所耗时间过长，因此将其处理的三维图像长、宽、高均缩减为原图像的 1/4，即实际上，其所得到的距离和时间相关的数据皆应为表中数据的 64 倍或以上。在该对比中，半自动算法的前背景标记分为四种。

受相关研究[120]启发，HQ 组为高质量标记，前背景标记都较贴合参考标准的边缘，LQ 组为低质量标记，前景标记为参考标准的结构，背景标记则远离参考标准的边缘。R 和 M 是符合实际应用的随机标记，只在图像中的某几帧上存在。其中，R 组为人为标记，对于每一组三维图像，标记帧不超过 8 帧，多数在 5 帧以下。M 组为依据 R 组得来的移动标记以测试对标记帧的鲁棒性，针对 R 组中的每一个标记帧，随机选取其相邻四帧中的一帧，以参考标准腐蚀后结果的随机 2% 个像素为前景标记，以参考标准膨胀后外环中的随机 2% 个像素为背景标记。

从对比结果可看出，本节算法无论在 HQ 组还是 LQ 组，都以最快的速度获得了最佳的结果。同时，R 组及 M 组与 HQ 组及 LQ 组表现基本一致。这证明了该算法的优越性和稳定性。对比本节算法与未应用超像素的 RWNBT 算法，本节算法在获得了更高处理质量的同时，大幅减少了运行时间，再次验证了超像素的有效性。

综合以上实验结果，此案例证明了超像素生成算法可作为预处理工具应用于图像分割任务中。应用超像素可解决计算量过大等问题，提高算法的速度，且其表现稳定，能够保持整体的处理质量。

2.4.2　超像素作为辅助处理工具的应用

交通信息监测与分析对改善运输安全和减少车辆拥挤有着非常重要的作用。其中，车辆轨道分析是信息的主要来源之一，其往往通过目标追踪算法来实现。由于应用场景广泛且具有时效性，"实时""准确"是该任务面临的最主要需求。

在此任务中引入超像素生成技术，可利用超像素贴合物体边缘以及能够表征区域特征等特性，为物体外观建模，从而辅助目标追踪的处理。同时，超像素生成过程十分快速，不会影响任务的实时性。Lin 等人[101]设计的一

表2.2　与一些经典和当下最优算法的对比

Table 2.2　Comparison with some classic and state-of-the-art methods

算法	DSC（%）	VOE（%）	VD（%）	AVD（mm）	RMSD（mm）	MaxD（%）	Time（s）	类型
Chuang et al.[115]	—	12.99±5.04	-5.66±5.59	2.24±1.08	—	25.74±8.85	—	全自动
Kirscher et al.[116]	—	—	-3.62±3.86	1.94±1.10	4.47±3.30	34.60±17.70	—	全自动
Li et al.[117]	—	9.15±1.44	-0.07±3.64	1.55±0.39	3.15±0.98	28.22±8.31	—	全自动
Erdt et al.[118]	—	10.34±3.11	1.55±6.49	1.74±0.59	3.51±1.16	26.83±8.87	—	全自动
Lu et al.[119]	—	9.36±3.34	0.97±3.26	1.89±1.08	4.15±3.16	33.14±16.36	—	全自动
CV3D_HQ	84.72±3.99	26.32±5.82	5.77±19.06	5.17±1.57	7.32±2.74	33.78±12.94	1933.38	半自动
CV2D_HQ	90.33±3.17	17.49±5.27	9.95±7.28	2.74±0.83	4.05±0.96	23.70±5.69	80.48	半自动
RW3D_HQ	90.07±3.58	18.06±5.51	2.87±8.03	0.79±0.44*	1.63±1.11*	11.45±6.97*	928.12*	半自动
RW2D_HQ	91.38±1.72	15.82±2.89	15.31±3.86	2.67±0.52	4.29±1.01	30.72±8.42	85.24	半自动
LRW_HQ	90.24±1.73	17.73±2.87	20.91±4.02	3.16±0.58	4.51±1.11	32.25±7.71	229.60	半自动
subRW_HQ	87.23±2.05	22.56±3.95	28.42±6.39	9.46±10.40	16.93±19.61	94.68±79.22	5462.81	半自动
RWNBT_HQ	96.03±0.67	7.64±1.24	1.81±3.10	1.08±0.26	2.11±0.57	19.66±5.10	86.41	半自动

续表

算法	DSC（%）	VOE（%）	VD（%）	AVD（mm）	RMSD（mm）	MaxD（%）	Time（s）	类型
SPRWAC_HQ	96.62±0.64	6.54±1.21	0.06±2.60	0.93±0.32	1.85±0.76	18.61±7.90	18.28	半自动
RW2D_LQ	69.76±3.81	46.31±4.49	86.43±16.68	11.40±1.43	14.90±1.59	49.54±6.63	85.15	半自动
LRW_LQ	71.26±5.14	44.40±6.28	80.80±21.05	10.96±1.97	13.41±2.08	47.02±5.64	232.02	半自动
subRW_LQ	65.20±4.36	51.49±4.84	107.87±20.47	13.84±1.85	16.70±1.94	58.34±31.93	1874.24	半自动
RWNBT_LQ	93.82±2.48	11.55±4.21	5.85±8.25	2.32±1.20	4.75±1.91	35.71±9.16	85.40	半自动
SPRWAC_LQ	94.61±1.31	10.20±2.32	0.92±3.70	1.97±0.85	3.98±1.37	32.59±6.19	15.84	半自动
SPRWAC_R	96.21±0.56	7.30±1.05	−0.01±2.50	1.12±0.29	2.37±0.73	24.23±6.97	19.32	半自动
SPRWAC_M	95.44±1.16	8.73±2.13	0.29±3.12	1.53±0.61	3.54±2.05	31.71±17.55	19.80	半自动

＊为处理缩小图像（尺寸为原始尺寸的 1/64，即长、宽、高分别为原始尺寸的 1/4）的结果。

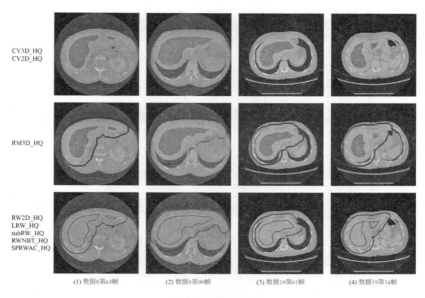

(1) 数据8第63帧 　　(2) 数据8第90帧 　　(3) 数据19第61帧 　　(4) 数据19第54帧

（a）前背景标记HQ

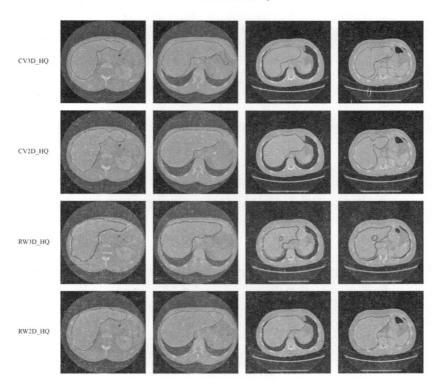

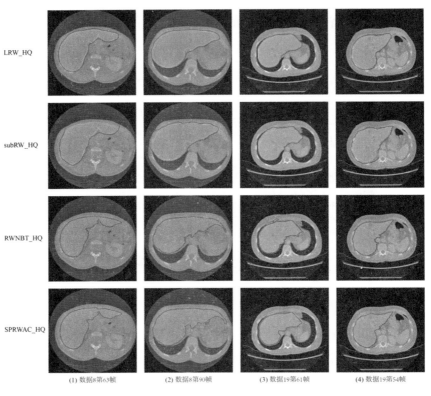

LRW_HQ

subRW_HQ

RWNBT_HQ

SPRWAC_HQ

(1) 数据8第63帧　　　(2) 数据8第90帧　　　(3) 数据19第61帧　　　(4) 数据19第54帧

（b）分割结果HQ

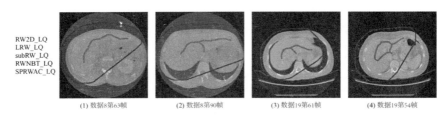

RW2D_LQ
LRW_LQ
subRW_LQ
RWNBT_LQ
SPRWAC_LQ

(1) 数据8第63帧　　　(2) 数据8第90帧　　　(3) 数据19第61帧　　　(4) 数据19第54帧

（c）前背景标记LQ

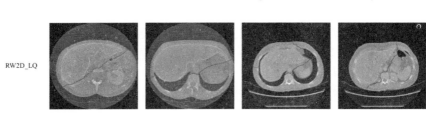

RW2D_LQ

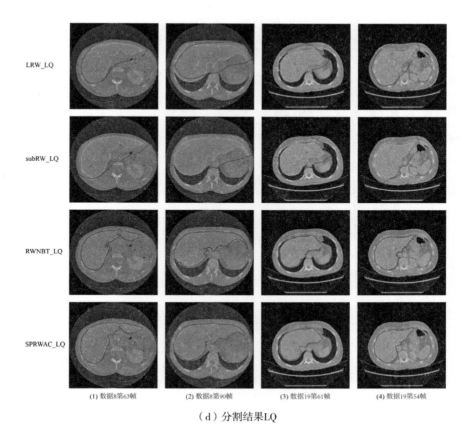

(1) 数据8第63帧　　　(2) 数据8第90帧　　　(3) 数据19第61帧　　　(4) 数据19第54帧

（d）分割结果LQ

图2.8　与一些经典和当下最优算法的视觉对比

Fig. 2.8　Visual Comparison with some classic and state-of-the-art methods

个车辆轨道分析系统就是借助超像素来完成其中的目标追踪任务的。

　　该系统中的目标追踪算法的流程如图 2.9 所示。首先，使用 SLIC 算法对截选出来的物体进行超像素分割，再对生成的超像素进行聚类匹配，计算当前帧物体与上一帧物体的相似度。接着，结合 Kalman 算法[121]预测上一帧物体的可能位置，继而检测两者之间有无遮蔽。如有遮蔽，则相似度阈值较小；若无遮蔽，则相应阈值较大。当相似度未达标时，将当前帧的物体认作新的物体，利用超像素聚类生成特征信息并加以储存；当相似度大于阈值的时候，将两者认作同一个物体，更新其特征。

为评估该算法的质量,算法作者测试了四段视频,结果如表 2.3 所示。Kalman[121] 为该算法中预测目标位置的算法,Lin[122] 为算法作者提出的未采用超像素生成的一种算法。可看到,该算法能够正确追踪大部分的目标,表现稳定。与其他两个算法相比,该算法于多数情况下能够获得更高的准确度。

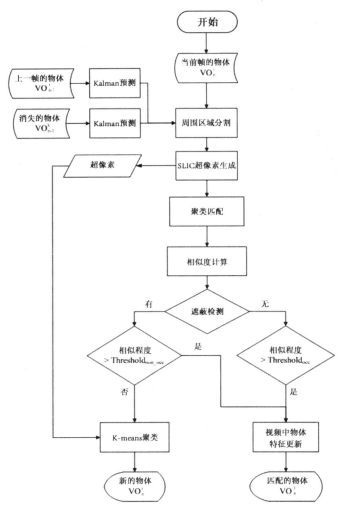

图2.9　目标追踪算法的流程

Fig. 2.9　The overall block diagram of the proposed tracking algorithm

表2.3　目标追踪算法在两个十字路口监测视频与两个PETS2001视频片段中的表现评估

Table 2.3　Performance measures of object tracking of two crossroad video sequences and two PETS 2001 video clips

视频	追踪算法	追踪正确	追踪丢失	追踪错误	正确率	错误率
视频1 （1504帧）	本节算法[101]	1675	36	26	96.4%	3.6%
	Kalman[121]	1675	42	20	96.4%	3.6%
	Lin[122]	1680	36	21	96.7%	3.3%
视频2 （1121帧）	本节算法[101]	3394	10	42	98.5%	1.5%
	Kalman[121]	3121	57	42	96.9%	3.1%
	Lin[122]	3159	37	39	97.7%	2.3%
PETS2001 数据集1 摄像头1 （2688帧）	本节算法[101]	2445	103	18	95.3%	4.7%
	Kalman[121]	2316	201	8	91.7%	8.3%
	Lin[122]	2374	151	10	93.6%	6.4%
PETS2001 数据集2 摄像头2 （2822帧）	本节算法[101]	1274	10	15	98.8%	1.2%
	Kalman[121]	1247	36	3	96.7%	3.3%
	Lin[122]	1238	35	0	97.3%	2.7%

此案例证明了超像素生成算法可作为辅助处理工具应用于目标追踪任务中。超像素可以用来检测物体边缘，表征区域特征，能够提升处理质量，且表现稳定。

2.5　本章小结

本章详细阐述了超像素相关的基础知识。介绍了超像素的定义、作用及生成的满足条件，总结和分析了当下经典及优质的超像素生成算法及其优劣势，以及超像素生成算法质量评价的主要指标。给出了超像素在图像处理领域的部分应用场景。

3 基于分水岭的全局和局部边界行进超像素生成算法

在实际生活中，快速实时的超像素生成算法更适用于诸多应用场景，也因此拥有更广泛的应用范围。

在众多较快速的超像素生成算法中，一些算法在特定方面拥有明显的优势，但它们或多或少在其他方面存在着缺陷。CW[42]等基于分水岭的超像素生成算法通常具有最快的速度，但其准确度却难称理想，尤其对物体弱边缘的贴合能力明显不足。ETPS[58]可获得很高的准确度，但速度上大幅慢于其他算法。SEEDS[57]具备尚可的边缘贴合能力，且速度较快，但其生成的超像素普遍规整度极低，即使是在图像颜色较单一的区域，也呈现极不规则的形状和扭曲毛糙的边界。

基于这种现象，为能够快速生成准确且规整的超像素，本章选择基于分水岭的算法进行改进，并提出了一种新的内容适应性超像素生成策略，依此设计了一个基于分水岭的全局和局部边界行进超像素生成算法。所提出的算法在保持速度优势的同时，能够获得较高的准确度，并使处于图像内容单一区域的超像素呈现高度规整的形态。下面将详细阐述相关的内容。

3.1　问题分析及应对策略

3.1.1　问题分析

表 3.1 展示了若干较为快速的超像素生成算法，这些算法各有优势，但也存在着一些不足。

（1）CW 等基于分水岭的超像素生成算法具有极快的速度但准确度普遍较低，尤其对弱边缘的检测表现不佳。

（2）SEEDS 拥有尚可的准确度，但对颜色过于敏感，导致其规整度极低，即使是在图像颜色较单一的区域，超像素的形状也极度不规则，边界不平滑。

（3）ETPS 能够获得极高的准确度，但因计算量较大而速度相对较慢。

（4）SLIC、DBSCANSP、GMMSP 等算法生成的超像素不是贴合物体边缘的能力有限，就是超像素普遍不够规整。

表3.1　一些较为快速的超像素算法
Table 3.1　Some relatively fast superpixel methods

算法	发表年份	初始方式	标记方式	数量参数	规整参数	迭代处理	时间*（s）
WS[17]	1993	种子点	基于分水岭	√	—	—	0.014
CW[42]	2014	种子点	基于分水岭	√	√	—	0.017
WP[54]	2015	种子点	基于分水岭	√	√	—	0.066
SCoW[55]	2015	种子点	基于分水岭	√	√	—	0.041

算法	发表年份	初始方式	标记方式	数量参数	规整参数	迭代处理	时间*（s）
SLIC[37]	2012	种子点	基于聚类	√	√	√	0.071
DBSCANSP[48]	2016	种子点	基于聚类	√	√	—	0.037
GMMSP[67]	2018	种子点	基于GMM	√	√	√	0.213
SEEDS[57]	2012	区块	基于能量优化	√	√	√	0.041
ETPS[58]	2015	区块	基于能量优化	√	√	√	1.071

* 为处理 BSDS500[123] 中单张图片的运行时间。运行环境为 Windows 10 操作系统，Intel Core （TM） i5-8400 CPU（2.80 GHz），8G 内存。

对如上不足加以总结和分析，可得出为获得快速而准确规整的超像素生成算法，有三个问题亟待解决。

1. 具有极高速度的算法在准确度上有较大的欠缺

分水岭算法因速度极快而具备进一步优化的潜力，其准确度不足的最大原因是该类算法仅使用梯度特征来探测物体的边缘，因此其通常将梯度最大的像素鉴定为物体的边缘。而在实际图像中，梯度大的像素可能是阴影的界线或具有强噪声、强纹理的点，而非物体的边缘。如果在这些像素附近存在着对比度较小的弱边缘，则该类算法会将真实边缘遗漏，贴合至对比度更大的地方。

另一个造成准确度不足的原因是该类算法不使用迭代。这使其具有极快的速度，但也因此在准确度上缺少修正和改进的空间。在这种情况下，超像素的生成很大程度上依赖于初始种子点的分布，若种子点分布脱离于图像的内容，则超像素的生成缺少合理性，导致对物体边缘的探测不够充分。

2. 准确度和规整度之间普遍存在着强烈的互斥性

造成这个问题的最大原因是规整程度可控的算法（如表 3.1 中除 WS 外的其他算法）通常使用在追求准确度的特征项（如颜色、梯度特征等）上辅以提升规整度的特征项（如位置、尺寸特征等）作为约束，这使得两种特征形成了互相制约的关系，追求准确度会受到规整度的约束，注重规整度则损失了准确度。

同时，这些算法用此固定的标准来无差异地处理图像中全部的像素，而不考虑不同区域中超像素的不同需求（即在有物体边缘的区域需贴合物体的边缘，在无物体的区域应保持规整的形态），导致超像素需求冲突，无法兼顾。

3. 部分算法效率不高

使用迭代的算法通常具有较高的准确度，但所耗时长也因此而增加。部分算法如 ETPS、GMMSP 等计算复杂度较大，因此，相对其他算法速度较慢。另外，这些算法与 SLIC 等算法在每次迭代中都对全部的像素进行处理，这从效率的角度来看，有一定的浪费，因为某些与种子点近或强烈相似的像素在每次迭代中都保持标记不变。

3.1.2　应对策略

针对这些问题，本章提出了一个基于分水岭的全局和局部边界行进的超像素生成算法（Watershed-based Superpixels with Global and Local Boundary Marching，WSBM）。该算法将超像素生成分成两个阶段，首先从初始种子点开始，采用一种改进的基于分水岭的超像素生成算法得到初步的超像素结果，接着对得到的边界像素分别进行全局和局部的重新鉴定和标记。如图 3.1 所示。

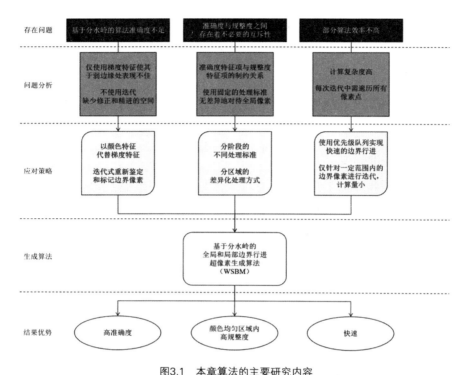

图3.1 本章算法的主要研究内容
Fig. 3.1 The Research Content of WSBM

该算法针对如上三个问题设计了相应的应对策略。

1. 针对准确度不足的问题

本章算法结合聚类算法的优点，对基于分水岭的超像素生成算法加以应用特征和处理方式的双方面改进，使其在保持"快速"这一优势的同时，大幅提升了准确度。

其中，为解决梯度特征混淆物体真实边缘的问题，本章算法采用聚类算法中常用的颜色特征代替梯度特征，设计了一套新的优先级计算公式，生成结果的准确度得到了明显提升。

为解决缺少超像素修正的问题，本章算法在第二阶段通过迭代对得到的边界像素进行重新鉴定，改进了初始超像素，进一步提升了准确度。

2. 针对准确度和规整度互斥的问题

本章算法提出了分阶段、分区域的内容适应性超像素生成策略，该策略的核心思想是将图像按照内容特性分为有物体边缘和无物体边缘两种区域，根据不同区域的不同需求有针对性地制定相应的处理标准，从而差异化处理其中的像素，使算法在充分探测物体边缘（不受规整度的约束）的前提下尽可能地提升非物体边缘区域的规整度（不损失准确度）。

依据该策略，算法将超像素生成分为两个阶段共三个步骤。在前两个步骤中，算法针对全局像素进行处理，设计的处理标准以准确度为优先，生成的超像素尽可能贴合所有的物体边缘。在最后一个步骤中，算法通过筛选得到大概率无物体边缘的区域，此时设计的处理标准以规整度为准，仅作用于筛选而来的局部区域，使超像素在保留物体边缘的情况下提升了规整度。

3. 针对部分算法效率不高的问题

本章算法利用一组优先级队列完成边界行进，计算简单，操作快捷。同时，本章算法仅对一定范围内的边界像素进行迭代式处理，并在每次迭代中设计了"遇不变即停止"的结束条件，计算量小，避免了必须处理全部像素的浪费。

3.2 基于分水岭的全局和局部边界行进超像素生成算法设计

本节将详细介绍本章算法的设计与实现。

3.2.1 算法基本框架

如图 3.2 所示，本章算法分为两个阶段：基于颜色特征的分水岭超像素生成以及全局和局部边界行进，共三个步骤。

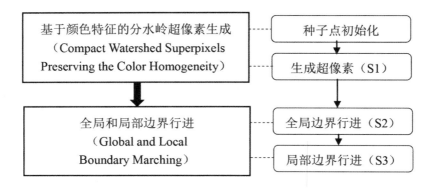

图3.2 本章算法的策略和框架
Fig. 3.2 Proposed strategy and the processing frame

算法首先根据输入的超像素数量确定种子点的个数和位置，从这些种子点出发，依据提出的优先级计算公式依次对剩余的像素进行标记，从而得到初步的超像素生成结果（此步骤记作 S1）。接着，算法以准确度优先的原则，对所有处于超像素边界的像素进行迭代式重新鉴定和标记（此步骤记作 S2）。当达到迭代停止条件后，算法通过筛选将图像分为内容丰富（content-rich）的区域和内容单一（content-plain）的区域，再将处于内容单一区域内的边界像素以规整度为准的原则进行重新鉴定和标记，进而得到最后的生成结果（此步骤记作 S3）。

3.2.2 基于颜色特征的分水岭超像素生成

对于图像 I（高为 h，宽为 w），算法首先根据输入的超像素个数 N 以间隔 $d=\sqrt{\dfrac{h\cdot w}{N}}$ 确定种子点的数量和位置，如图 3.3 所示，边框代表图像，点代表种子点，初始种子点种植的方式有两种：（a）方形种子点，（b）菱形种子点。菱形种子点较方形种子点可得到更好的结果，相关实验及分析见 3.3.2 节。

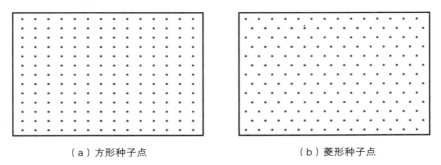

（a）方形种子点   （b）菱形种子点

图3.3 两种初始种子点

Fig. 3.3 Two types of initial seeds

当种子点初始化完毕后，算法依据优先级队列对剩余的像素进行标记。不同于其他基于分水岭的超像素生成算法，本章算法认为范围内梯度最大的边并不一定是图像中物体的边缘，而像素与其备选的超像素之间的颜色关系更为重要。本章算法与其他基于分水岭的超像素生成算法的最大区别如下。

1. 优先度的计算方式不同

如 2.2.3 节所述，基于分水岭的超像素算法是通过计算未标记像素的优先级来确定该像素的标记顺序的。已有的该类算法（CW、WP、SCoW）采用的是以该像素的梯度特征和位置约束来计算优先级，而本章算法则受聚类算法的启发，选择采用颜色特征和尺寸约束，定义如下：

$$P(p) = \Delta C(s, p) + \frac{\lambda \cdot n}{h \cdot w} \cdot \frac{k(s)}{k} \tag{3.1}$$

$P(p)$ 为像素 p 的优先级，$P(p)$ 越小，代表像素 p 的优先级越高。$\Delta C(s, p)$ 是像素 p 的颜色和与其相邻的超像素 s 的平均颜色的差异。λ

是规整度参数，$\dfrac{n}{h \cdot w}$ 确保规整程度与图像的大小和超像素的数量相对独立。$k(s)$ 是包括像素 p 在内的超像素 s 中像素的数量，$\bar{k}$ 是预期的超像素大小。$\Delta C(s, p)$ 和 $\bar{k}$ 分别定义为：

$$\Delta C(s, p) = \sqrt{(\overline{H}_s - H_p)^2 + (\overline{S}_s - S_p)^2 + (\overline{V}_s - V_p)^2} \tag{3.2}$$

$$k = \frac{h \cdot w}{n} \tag{3.3}$$

H_p、S_p、V_p 是像素 p 在 HSV 色彩空间上的颜色特征，$\overline{H}_s$、$\overline{S}_s$、$\overline{V}_s$ 是超像素 s 在 HSV 色彩空间上的平均颜色，随着超像素 s 中像素的增加，$\overline{H}_s$、$\overline{S}_s$、$\overline{V}_s$ 是不断更新的。在本章算法中，使用 HSV 色彩空间比使用 RGB 或 Lab 色彩空间得到的结果准确度略高，详细实验见 3.3.2 节。

其他基于分水岭的超像素生成算法使用的梯度特征仅能表现像素与其相邻像素之间的关系，缺乏与超像素整体情况的联系，且对正确的物体边缘有一定的误判，这造成了这些算法的低准确度。本章算法提出的利用超像素的平均颜色信息来计算优先级的方式则有效修正了这个缺陷，因其考量的是像素与备选超像素的整体关联程度。

空间约束上，区别于 WP 和 SCoW 采用的位置特征，本章算法受 DBSCANSP 启发，采用了尺寸特征，生成的超像素准确度更高。

2. 优先级队列使用方式不同

如 2.2.3 节所述，基于分水岭的超像素生成算法利用优先级队列的推入和推出操作来逐一标记像素，当推出的像素周围都已被标记过时将其标记为超像素边界点，然后终止处理，直到所有优先级队列里的像素都被推出。而本章算法则是将这些边界点标记后重新推入优先级最低的（未被非边界点使用过的）优先级队列里，等待下一阶段的处理，如图 3.4 所示。

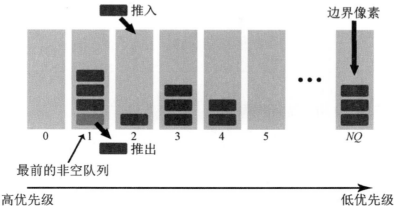

图3.4　第一阶段中运用一组优先级队列进行处理的示意图

Fig. 3.4　Processing using a set of ordered priority queues in the first phase

算法 3.1 给出了基于颜色特征的分水岭超像素生成的具体算法。

算法3.1　基于颜色特征的分水岭超像素生成算法

输入：图像I，超像素数量N，规整程度参数λ

输出：像素的标记$\{L(p)\}_p$，优先级队列Q

1: 初始化种子点的数量和位置；

2: 建立优先级队列$Q[NQ]$；

3: 将各种子点邻域内所有像素p_a推入相应的$Q[P(p_a)]$中；

4: while Q中前$NQ-1$个队列不为空 do

5: 推出第一个非空队列$Q[j]$的第一个像素p_b；

6: if p_b所有相邻像素只含有一种标记l then

7: $L(p_b)=l$；

8: 计算p_b邻域内所有未标记像素p_c的优先级$P(p_c)$，并将p_c推入相应的 $Q[P(p_a)]$中；

9: else

10: 分别计算像素p_b与所有相邻超像素间的颜色差异$\Delta C(s, p_b)$，选择 颜色差异最小的超像素的标记l，令$L(p_b)=l$；

11: 将 p_b 推入至 $Q\left[NQ\text{-}1\right]$ 中；

12: end if

13: end while

3.2.3 全局和局部边界行进

这个阶段将优先级队列里的边界像素全部推出，根据其周围的超像素逐一进行重新鉴定。通过这个过程，超像素的边界会逐步向目标方向行进。这个边界行进的过程分为两步：全局的边界行进会进一步促使超像素的颜色统一，进而贴合物体边缘；局部的边界行进则保证了内容单一区域内超像素的规整形态。见图3.5。

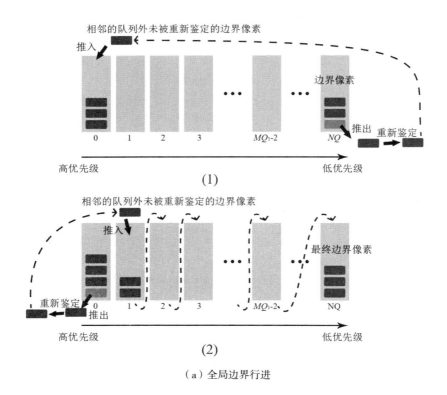

（a）全局边界行进

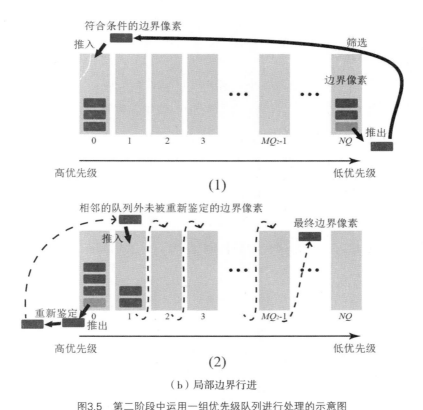

（b）局部边界行进

图3.5 第二阶段中运用一组优先级队列进行处理的示意图

Fig. 3.5 Processing using the set of ordered priority queues in the second phase

1. 全局边界行进

如图 3.5 中（a）所示，将存储在优先级最低队列中的边界像素依次推出，对比其与所属超像素及相邻超像素的关系，对其进行重新鉴定，鉴定标准如下：

$$L(p) = \begin{cases} L(s_1), & if \, \Delta C(s_1, p) - \delta \leq \Delta C(s_2, p) \\ L(s_2), & if \, \Delta C(s_1, p) - \delta > \Delta C(s_2, p) \end{cases} \quad (3.4)$$

像素 p 为属于超像素 s_1 的边界像素，p 与超像素 s_2 相邻，$L(p)$ 是 p 的新标记，$L(s_1)$ 和 $L(s_2)$ 分别是 s_1 和 s_2 的标记，δ 是一个颜色缓冲参数，以防止超像素的边界对颜色变化太过敏感而极度毛糙。当计算 $\Delta C(s_1, p)$

时，需在平均颜色和像素数量上将 p 减去。这个鉴定即是单一从颜色特征上再度判定 p 的归属。

如图 3.5 中（a）（1）所示，对 p 进行重新鉴定后，未在队列中的新的边界像素（即与 p 相邻且具有不同标记的像素）则被推入第一个优先级队列。当最后一列为空后，从第一个优先级队列里再推出新的边界像素，依据公式（3.4）依次进行重新鉴定。鉴定完成后，与其相邻的未被重新鉴定过且未在队列里的新边界像素被推入下一优先级队列中等待重新鉴定，依此类推。直到相邻像素都被重新鉴定过，或者下一个优先级队列达到人为设定参数 MQ_1 为止，这个参数控制了边界行进的范围，本章算法中，$MQ_1 = \max \left(\dfrac{d}{2},\ 10 \right)$。

如图 3.5 中（a）（2）所示，当达到停止条件时，所有新的边界像素则再次被推入优先级最低的队列中，等待下一轮处理。

利用这组优先级队列，超像素的边界将会以相同的速率快速行进。在边界行进中，如果不加限制，超像素会被分裂，也会生成孤立的超像素。为防止这一情况发生，当被推出的边界像素处于如图 3.6 所示的环境中（不考虑方向）时，这个边界像素的标记不可更改。图 3.6 中，每个区块代表一个像素。中央 1 号方格为待鉴定边界像素，2 号方格为与边界像素具有相同标记的像素，3 号方格为与边界像素具有不同标记的像素，4 号方格的标记不受限制。当处于左侧情况时，如果至少一个 5 号像素拥有与边界像素不同的标记，以及当处于右侧情况时，中心边界像素的标记不可更改。

这个全局边界行进的过程可以一直迭代直到达到设定次数 Itr 为止。通过全局边界行进处理后的超像素具备更为统一的颜色，这往往使得超像素的边界更贴合图像中物体的边缘。

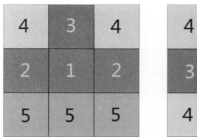
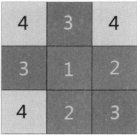

图3.6 禁止更改标记示意图

Fig. 3.6 Illustrations of the changing forbidden cases

2. 局部边界行进

本章算法认为，虽然具备高梯度值的像素不一定是物体的边缘，但物体的边缘必然具备一定程度的梯度值。相应地，梯度值极低的像素则大概率为非边缘点，这些点通常处于内容单一的区域（颜色统一或渐变的区域）。图 3.7 中的两幅图像分别是有统一颜色和渐变颜色背景的示例，从梯度图像可看到，在这两种背景处，像素的梯度值极低。本章算法通过检测超像素边界的平均梯度值来筛选处于内容单一区域的边界，进而将其规整化，这个过程称为局部边界行进。

原始图像　　　　　　　　梯度图像

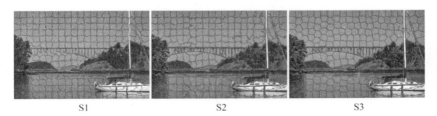

S1　　　　　　　　S2　　　　　　　　S3

（a）

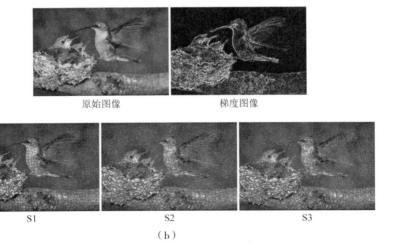

原始图像　　　　　　　　　　梯度图像

S1　　　　　　　　　S2　　　　　　　　　S3

（b）

图3.7　算法全部过程的示例

Fig. 3.7　Results of the whole procedure

如图 3.5 中（b）（1）所示，与全局边界行进相同，首先将存储在最低优先级队列中的边界像素依次推出，不同的是，这次只将满足条件 $\overline{g} < \theta$ 的边界像素重新推入到优先级最高的队列中，$\overline{g}$ 的定义如下：

$$g\ (s_1,\ s_2)\ =\ \frac{\sum_{i=1}^{m} g\ (p_i)}{m} \tag{3.5}$$

其中，p_i 是两个相邻超像素 s_1 和 s_2 之间的边界像素，$g\ (s_1,\ s_2)$ 和 m 分别是这些像素的平均梯度和个数，θ 是梯度阈值。

如图 3.5 中（b）（2）所示，当最低优先级队列为空后，再依次推出最高优先级队列中的像素进行重新鉴定，鉴定后继续将未在队列中的新边界像素推入下一个队列等待鉴定，直到所有像素都被鉴定过或下一队列达到人为设定参数 MQ_2，$MQ_2 = \dfrac{d}{2}$。鉴定标准如下：

$$L\ (p)\ = \begin{cases} L\ (s_1)\ ,\ if\ D\ (s_1,\ p) \leqslant D\ (s_2,\ p) \\ L\ (s_2)\ ,\ if\ D\ (s_1,\ p) > D\ (s_2,\ p) \end{cases} \tag{3.6}$$

其中，$D\ (s\_1,\ p)$ 和 $D\ (s\_2,\ p)$ 分别是像素 p 与超像素 s_1 和 s_2 中心的欧几里得距离，超像素的中心随着像素的重新标记不断更新。

通过优先级队列，局部边界行进的速率也是相同的。同样地，为防止产生孤立超像素，当被推出的边界像素处于如图3.6所示的环境中时，这个边界像素的标记不可更改。

根据筛选标准，这一边界行进过程只发生在颜色统一或渐变的非边缘区域。根据鉴定标准，像素的归属只依赖于像素与相邻超像素之间的空间位置关系。因此，经过局部边界行进，处于内容单一区域的超像素会具有极高的规整度。

算法3.2给出了全局和局部边界行进的具体算法。

算法3.2　全局和局部边界行进算法

输入：图像I，像素标记$\{L(p)\}_p$，优先级队列Q，颜色缓冲参数δ，迭代次数Itr

输出：最终的像素标记$\{L(p)\}_p$

1:　　while 迭代次数未超过Itr do

2:　　推出$Q[NQ-1]$中像素p_b，通过公式（3.4）进行重新鉴定，并将与p_b相邻的队列外的未被重新鉴定过的边界像素推入至$Q[0]$中；

3:　　　while Q中前MQ_1-1个队列不为空 do

4:　　推出首个非空队列$Q[j]$的首位像素p_c，根据公式（3.4）进行重新鉴定；

5:　　if $j<MQ_1-2$且p_c邻域内存在队列外未重新鉴定的边界像素p_u then

6:　　将p_u推入$Q[j+1]$中；

7:　　else

8:　　将p_c推入$Q[NQ-1]$中；

9:　　end if

10:　　end while

11:　end while

12:　筛选出所有$\bar{g}<\theta$的超像素边界e；

13: 推出 $Q[NQ-1]$ 中的像素，将处在 e 中的像素推入 $Q[0]$ 中；

14: while Q 中前 MQ_2 个队列不为空 do

15: 推出首个非空队列 $Q[j]$ 的首位像素 p_m，根据公式（3.6）进行重新鉴定；

16: if $j < MQ_2-1$ then

17: 将与 p_m 相邻的队列外的边界像素推入至 $Q[j+1]$ 中；

18: end if

19: end while

图 3.7 示例了算法的全部过程。S1 为生成超像素的初步结果，可以看到其贴合物体边缘的能力仍有欠缺。S2 是进行了全局边界行进后的结果，这时贴合物体边缘的能力有所提升，但无论处于何种环境下的超像素的形状都十分不规整。S3 是局部边界行进后即最终的结果，在内容丰富的区域，超像素的边界能够贴合物体的边缘，而在内容单一的区域，超像素则具有足够规则的形状和平滑的边缘。

3.3　实验及分析

本节首先从算法自身的角度展示其在不同参数设定下的表现，接着，以最优参数设定，将算法与目前的经典或优质算法进行比较并作分析，对比算法为 WS、CW、SCoW、SLIC、DBSCANSP、GMMSP、SEEDS 和 ETPS。

实验所用评价指标为边界召回率（BR）、欠分割率（UE）、分割准确度（ASA）、诠释差异度（EV）、规整度（CO）、运行时间（Time），详见 2.3 节介绍。另外，本节增加了一个评估综合准确度的指标 Acc。UE、BR、ASA 是从不同角度描述准确度的指标，本书借鉴超像素评价指标[14]采用其优化参数时提出的一个标准作为对准确度的综合考量，即 Acc=（1-UE+BR）·0.5（因 ASA 和 UE 的相关性较大，因此仅采用 UE 和 BR 为主要参考指标）。

本节实验环境是 Windows 10 操作系统，Intel Core（TM）i5-8400 CPU（2.80 GHz），8G 内存。对于本章算法以及 WS、CW、SCoW、SLIC、DBSCANSP、GMMSP、SEEDS，图像读取和写入的编译环境为 Matlab R2015b，算法部分由 C++ 混合编程（MEX）实现。ETPS 的编译环境为 Visual Studio 2013，通过 C++ 实现。

3.3.1 数据集的描述

本节实验所用数据为 Berkeley Segmentation Database[123]（BSDS500）和 Stanford Background Dataset[124]（SBD）。BSDS500 包括三个子数据集，共 500 张照片：训练集 200 张，测试集 200 张，验证集 100 张。BSDS500 中图片尺寸均为 321×481 像素或 481×321 像素。该数据集有多套人为标注的参考标准（Ground Truth），本节选用编号为 3 的参考标准，因其较贴合物体边缘且保留细节。SBD 包括两个子数据集，共 715 张照片：训练集 238 张，测试集 477 张。该数据集是由多个数据集[125-128]集合而成，因此其中的图片具有不同的尺寸。SBD 中的图像展示的是户外的场景，比 BSDS500 的图像更复杂[14]。

3.3.2 参数设定及质量分析

本章算法采用 HSV 色彩空间，算法共有 6 个参数，其中 MQ_1 和 MQ_2 已根据图像的尺寸提前设置，根据自然彩色图像的普遍特性，局部边界行进中的梯度阈值参数设定为 $\theta=6$，剩余参数为第一阶段中的规整度参数 λ，第二阶段中的迭代参数 Itr，以及颜色缓冲参数 δ。见图 3.8。

图 3.8 中（a）组展示了算法第一阶段在 BSDS500 训练集中分别采用 RGB、Lab、HSV 色彩空间的结果。结果显示，采用 HSV 色彩空间的超像素在 UE 和 BR 指标上取得了最佳值。虽然采用 Lab 色彩空间的超像素具有较高的 CO，但第一阶段的主要目的是确保高准确度，因此，本章算法选择采用 HSV 色彩空间。

图 3.8 中（b）组展示了在 BSDS500 的训练集中当超像素个数设置为 300 时算法各个阶段在不同 λ 下的结果。四组数据分别是 CW 算法、本章算法仅第一阶段（S1）、本章算法不进行局部边界行进（S2）和本章算法完整体（S3）的结果，其中，本章算法中的参数设定为 $Itr=2$，$\delta=2$。这四组算法的初始种子点均为方形种子点，以便在同等条件下作对比。在本节的所有实验中，本章算法中显示的 λ 值均为实际算法中的 1/400，这是为了与 CW 中的规整度参数数量级相匹配。

通过结果可看出，与 CW 相比，S1 在相似的 CO 下，显著降低了 UE，提高了 BR；在 S2 时，UE 和 BR 得到了进一步优化，特别是 BR 得到了大幅提升，这时的结果具有较高的准确度，但 CO 较低；S3 在保持 UE、BR 的同时，明显提升了 CO。这证明了，本章算法提出的基于颜色特征的分水岭超像素生成比原始的 CW 更准确，提出的全局边界行进能够有效进一步提升准确率，提出的局部边界行进能够在保持高准确率的情况下明显提升规整度（图 3.7 展示了视觉上的效果）。

图 3.8 中（c）组展示了在 SBD 的训练集中当超像素个数设置为 300 时不同的 Itr、MQ_1 和 δ 设定下的结果。这组实验中，S 代表方形种子点，H 代表菱形种子点，后接的三个数字分别是 Itr、MQ_1、δ 的值。

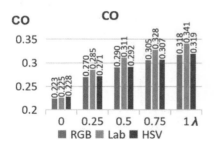

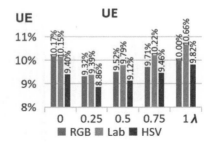

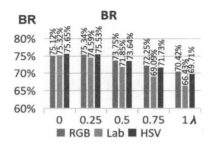

（a）

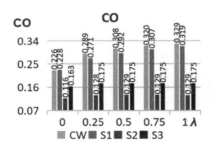

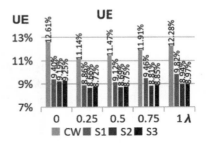

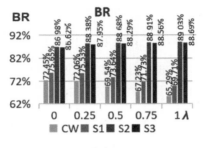

（b）

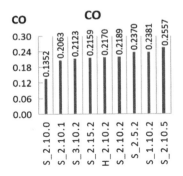

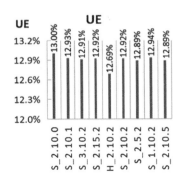

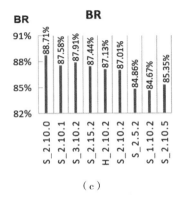

（c）

图3.8　算法在不同参数设置下于训练集上的处理结果

注：（a）为算法第一阶段在BSDS500训练集上分别采用不同色彩空间应用不同λ的结果
（N=300），（b）和（c）为相应算法分别在BSDS500和SBD训练集上的结果（N=300）

Fig. 3.8　（a）: Results of the first phase in the RGB, Lab, and HSV color space with different
λ using BSDS500 "Train" dataset（N=300），respectively;（b）and（c）: Results of the
BSDS500 and SBD "Train" datasets（N=300）

可看到，当 Itr、MQ_1、δ 相同时，菱形种子点（H_2.10.2）比正方形种子点（S_2.10.2）得到的 UE 和 BR 更佳。由 S_1.10.2、S_2.10.2、S_3.10.2 的对比可看出，当 Itr 增加时，UE 和 BR 也有所提升，但随着 Itr 的增加，UE 和 BR 提升的幅度越来越小，且 Itr 的增加也会导致运行时间的增长。由 S_2.5.2、S_2.10.2、S_2.15.2 的对比可看出，当 MQ_1 增加时，BR 会随着提升，但 CO 会随着降低。由 S_2.10.0、S_2.10.1、S_2.10.2、S_2.10.5 的对

比可看出，当 δ 增加时，CO 会升高，BR 会降低，当 δ 很小时尤其当 $\delta=0$ 时，CO 极低。因此，Itr、MQ_1、δ 这三个参数并非越大或越小就越好，应将其设定在合理的范围内。

综合上述实验结果，在接下来的对比实验中，本章算法的参数统一设定为 $\lambda=0.25$，$Itr=2$，δ 则被用来控制算法的规整程度。

3.3.3 对比实验及结果分析

首先，本节将在训练集上对比本章算法与 WS、CW、SCoW、SLIC、ETPS 在不同规整度参数下的表现。接着，为这些算法选用最佳的规整度参数，再在测试集和验证集上将其与经典或优质算法 DBSCANSP、SEEDS、GMMSP 对比，DBSCANSP、SEEDS、GMMSP 的参数选取为相应算法作者推荐的默认值。见图 3.9。

1. 与规整度可控算法的对比

图 3.9 为规整度权重参数相关实验。四组数据分别是在 BSDS500 和 SBD 训练集上当 $N=300$ 和 $N=1\% \times K$ 时的结果。在本实验中，本章算法采用和其他算法相同的方形种子点，以便对比。首先，设计一个规整度等级（compactness level）指标来归一化算法的规整度权重参数，使算法的规整度以相似的增长幅度来显示。CW、SCoW、SLIC 规整度等级的值分别是他们相应的规整度权重参数的 4、4、1 倍。ETPS 的规整度等级是由其相关的三个参数集体决定，本实验中将 ETPS 的形状权重参数、边界长度权重参数、尺寸权重参数设为一致，其规整度等级设为形状 / 边界长度 / 尺寸权重参数与颜色权重参数比值的 10 倍。对于本章算法，规整度等级与算法的 δ 值相等，当 $\delta=0$ 时，局部边界行进被省略。

从图中数据可知，对于本章算法，BR 和 EV 会随着 CO 的降低而提升，UE 和 ASA 基本不变。对比其他算法，本章算法在 UE、BR、ASA、EV 方面均获得了最佳或次佳的结果。综合到 Acc，本章算法和 ETPS 遥遥领先，但在运行时间上，本章算法仅需 ETPS 的不到 10%。这说明了，本章算法能够以大幅度快于 ETPS 的速度生成同样高准确度的超像素。

另外，ETPS 通常会生成超出设定数量的超像素，这是造成它准确度高的其中一个原因（详见后续实验）。对比（a）和（b）组、（c）和（d）组，当超像素数量增多时，本章算法耗费的时间也随之增长，这主要是因为第二阶段边界行进中需要处理的像素增多了。但整体上，本章算法的速度仍快于 ETPS 和 SLIC。跟其他算法相比，本章算法的 CO 较低，这是由于本章算法在内容复杂区域试图贴合所有的边缘，即使一些边缘并不被参考标准所检验。在内容单一的区域，本章算法生成的超像素是非常规整的（详见后续实验）。即使本章算法的 CO 整体偏低，但当 CO 值相似时，即当规整度等级为 8 时，本章算法的准确度仍远高于 WS、CW 和 SLIC 的最佳值。

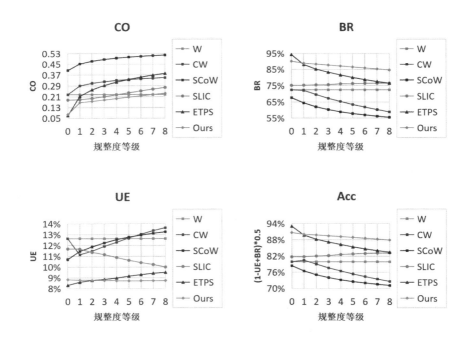

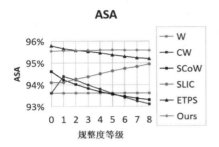

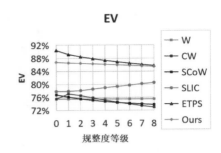

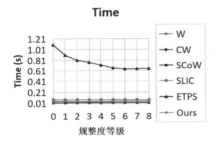

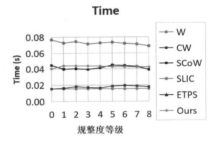

（a）BSDS500　N=300

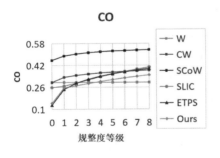

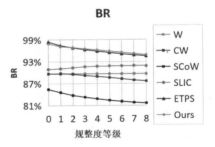

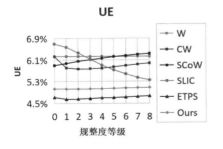

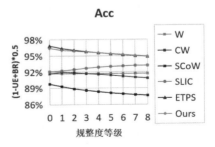

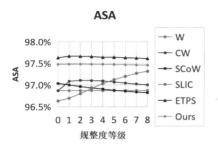

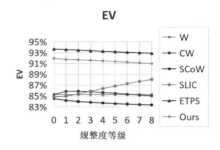

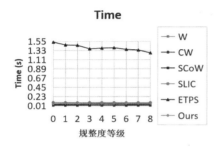

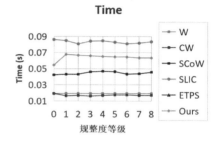

（b）BSDS500 N=1536

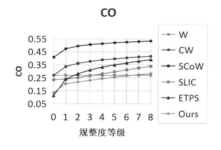

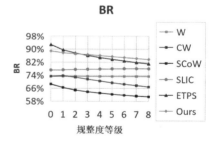

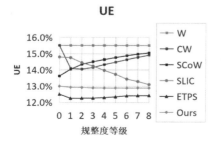

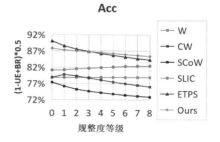

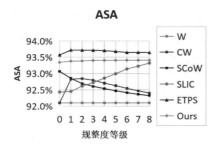

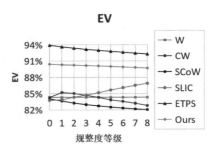

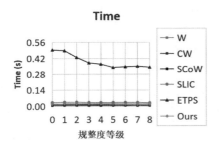

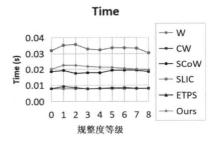

（c）SBD　N=300

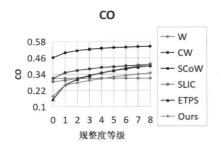

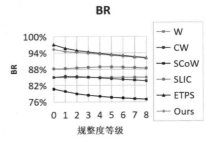

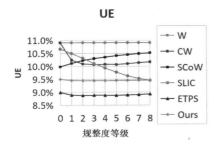

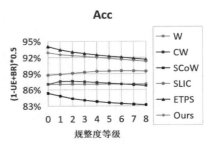

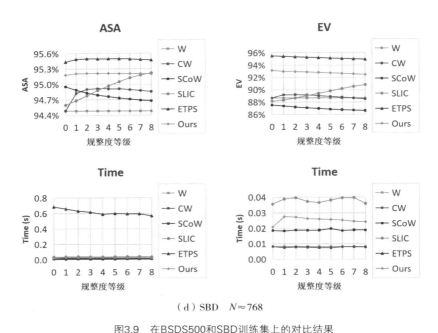

（d）SBD　　N≈768

图3.9　在BSDS500和SBD训练集上的对比结果

Fig. 3.9　Performance measures using the BSDS500 and SBD "Train" datasets

图 3.10 展示了在 BSDS500 和 SBD 训练集上的视觉对比结果。（a）组是参考标准，（b）组是准确度最高时（规整度等级 = 0）ETPS 和本章算法的结果，（c）组是 N=300 时的最佳结果，（d）组是 N=1% × K 时的最佳结果。在（c）和（d）组中，CW、SCoW、SLIC 的规整度等级均采用了准确度最高的一组，对于 ETPS 和本章算法，如（b）组所示，准确度最高时的结果过于繁杂，不适于实际应用，因此 ETPS 和本章算法的规整度等级分别采用了 1 和 2。

从该对比中可以看到，本章算法能够更好地贴合物体边缘，如（c）组中的树和绳子，（d）组中的羽翼。同时可以看出，本章算法偏低的 CO 主要是由内容复杂区域的超像素引起，因其试图贴合所有的边缘，而在内容单一的区域［（c）组的纯色背景和（d）组的颜色渐变的背景］中，本章算法生成的超像素形态最为规整。

参考标准

（a）

ETPS 规整度等级 = 0

WSBM 规整度等级 = 0

（b）

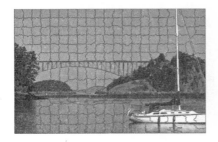
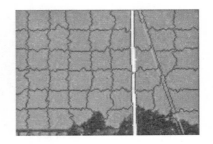

超像素数量=294 规整度等级=1

CW

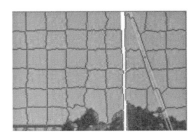

超像素数量=294　规整度等级=0
SCoW

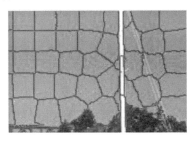

超像素数量=270　规整度等级=8
SLIC

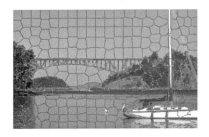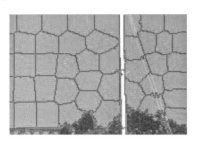

超像素数量=294　规整度等级=1
ETPS

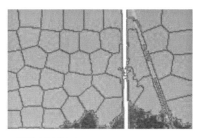

超像素数量=294　规整度等级=2
WSBM

（c）

超像素数量=1536　规整度等级=1

CW

超像素数量=1536　规整度等级=0

SCoW

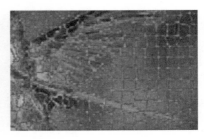

超像素数量=1519　规整度等级=8

SLIC

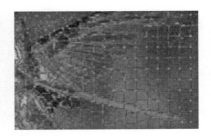

超像素数量=1617　规整度等级=1

ETPS

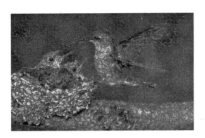 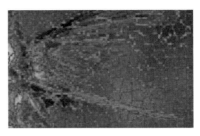

超像素数量=1536　规整度等级=2
WSBM

（d）

图3.10　在BSDS500和SBD训练集上的视觉对比

Fig. 3.10　Visual comparison using the BSDS500 and SBD "Train" datasets

2. 与经典及优质算法的对比

为了从准确度、规整度、速度这三个方面来综合评估本章的算法，接下来将本章算法与一些经典或优质的算法进行对比，使用的数据集为BSDS500 和 SBD 的测试集及验证集。在这组实验中，将 $\delta=2$ 时的本章算法记为正常组（WSBM_N），将 $\delta=0$ 且省略局部边界行进时的本章算法记为高准组（WSBM_G），这两组的种子点均为菱形种子点。其他对比算法的参数均为默认或准确度最高配置。超像素的个数设置为从 200 到 2000，每 200 为一单位。实验的数值对比结果为图 3.11 及图 3.12，视觉对比结果为图 3.13。

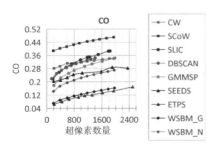 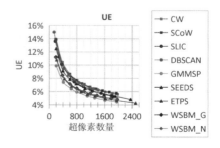

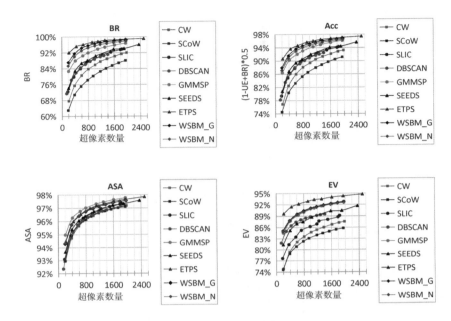

（a）BSDS500测试集

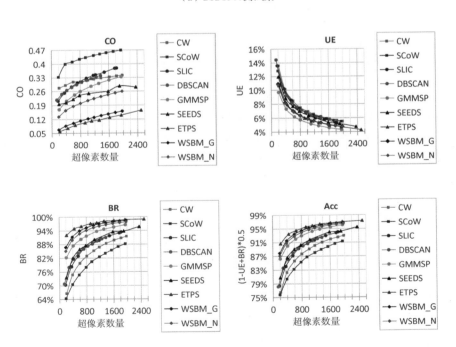

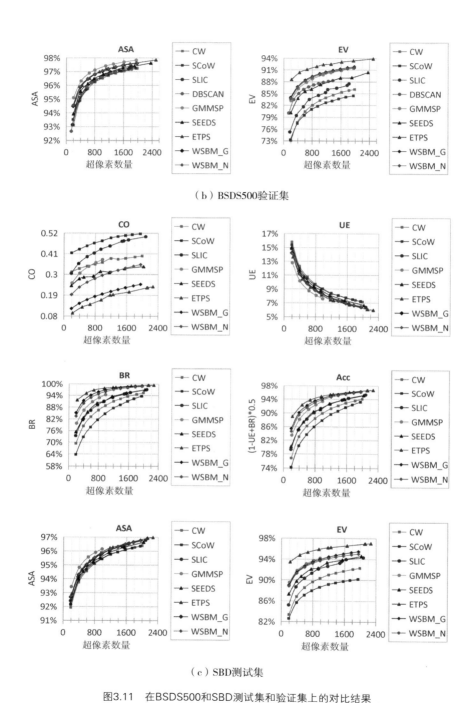

（b）BSDS500验证集

（c）SBD测试集

图3.11　在BSDS500和SBD测试集和验证集上的对比结果

Fig. 3.11　Performance measures using the BSDS500 and SBD "Test" and "Val" datasets

图 3.11 证实了本章算法可在实时的速度下获得较高的准确度。在 UE、BR、ASA、EV 这些指标上，本章算法明显优于 CW、SCoW、SLIC、DBSCANSP 和 SEEDS，仅次于 ETPS。虽然 GMMSP 在 UE 和 ASA 两个指标上获得了最佳结果，但其综合的 Acc 比本章算法略低。

从控制的角度来看，本章算法和 CW 一样，均可以生成接近于设置数量的超像素。GMMSP 无法生成小尺寸的超像素，因其初始超像素的长度被限定于 8 个像素及以上，因此对于 SBD，它无法生成超过 1000 个超像素。ETPS 则生成明显超出于设置数量的超像素，例如在 BSDS500 的测试集和验证集中，当超像素数量被设置为 1600 和 2000 时，它实际生成的超像素数量为 1944 和 2501。DBSCANSP 则生成明显少于设置数量的超像素，因为这个算法在初步生成超像素后需要对尺寸极小的超像素进行融合。对于 SEEDS，其使用的分割策略是由区块初始，导致超像素的数量难以精确控制，例如，当超像素的个数被分别设置为 1000 和 1200 时，它实际生成的超像素数量是相同的。

从规整度的角度来看，虽然本章算法的规整度整体属于中下水平，但如上文所述，在内容单一的区域，本章算法生成的超像素十分规整。规整度较低的原因之一是本章算法在内容复杂的区域试图贴合所有边缘，包括一些没有包含在参考标准的细节（如图 3.10 中鸟的羽毛，图 3.13 中花瓶上的雕刻）。虽然 WSBM_G 和 WSBM_N 的 CO 相差较大，但其准确度十分相近，特别是 UE 和 ASA，两者几乎一致，这证明了 $\delta = 2$ 的适用性以及局部边界行进的有效性。

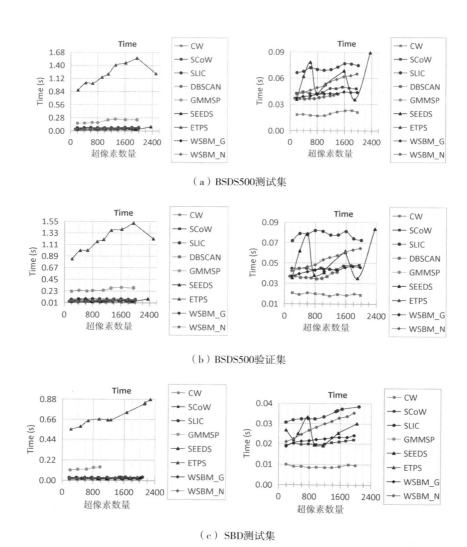

（a）BSDS500测试集

（b）BSDS500验证集

（c）SBD测试集

图3.12 在BSDS500和SBD测试集和验证集上运行时间的对比结果

Fig. 3.12 Comparison of running time using the BSDS500 and SBD "Test" and "Val" datasets

图 3.12 展示了在 BSDS500 和 SBD 测试集和验证集上运行时间的对比结果。本章算法保持了分水岭算法的速度优势，明显快于 SLIC、GMMSP 及 ETPS。SEEDS 的初始区块不仅影响了生成超像素的数量，还影响着算法的速度。

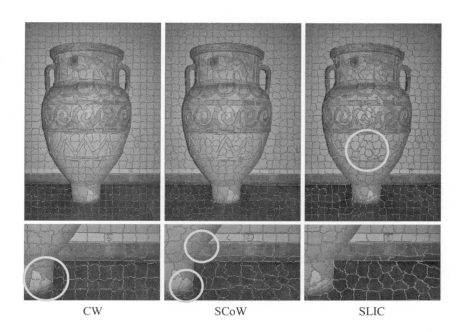

CW　　　　　　　　SCoW　　　　　　　　SLIC

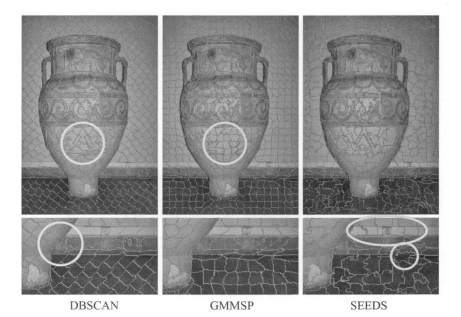

DBSCAN　　　　　　GMMSP　　　　　　SEEDS

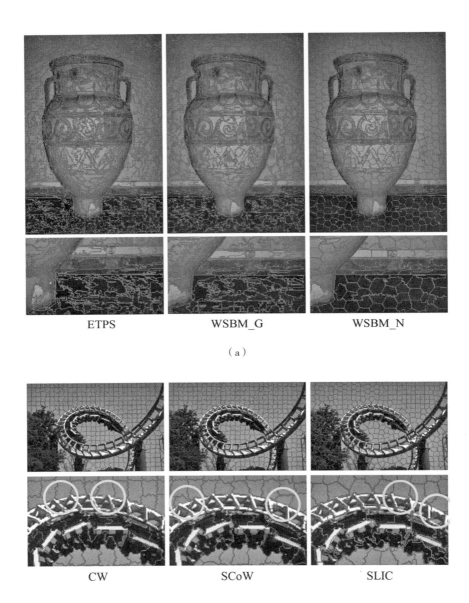

ETPS　　　　　　　　WSBM_G　　　　　　　WSBM_N

（a）

CW　　　　　　　　　SCoW　　　　　　　　SLIC

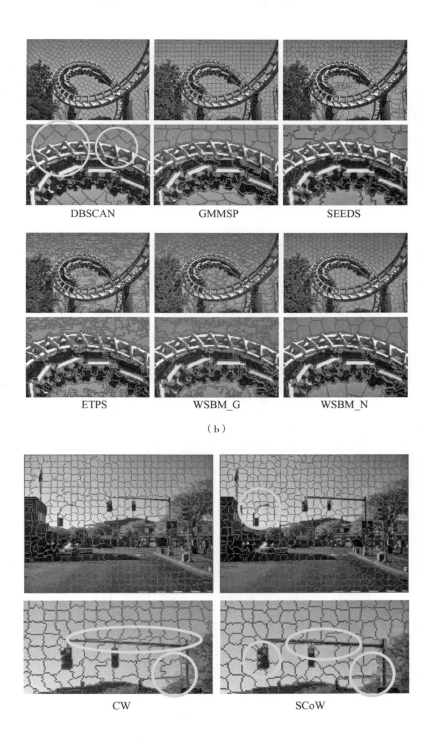

DBSCAN　　　　　　GMMSP　　　　　　SEEDS

ETPS　　　　　　WSBM_G　　　　　　WSBM_N

（b）

CW　　　　　　　　　SCoW

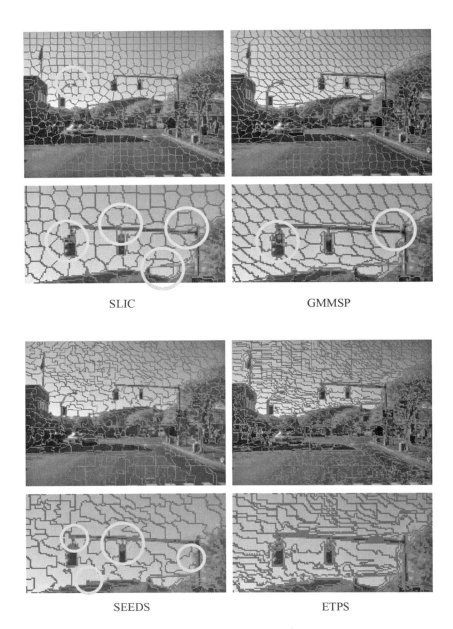

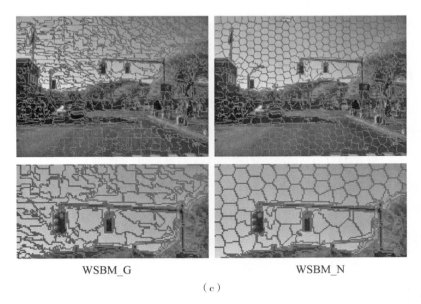

WSBM_G   WSBM_N

（c）

图3.13　在BSDS500和SBD测试集和验证集上的视觉对比（N=600）
Fig. 3.13　Visual comparison using the BSDS500 and SBD "Test" and "Val" datasets
（N=600）

　　图 3.13 展示了各算法在 BSDS500 和 SBD 测试集和验证集上生成结果的视觉对比，圆圈标注了遗漏的边缘。其中，（a）和（b）组为 BSDS500 中的示例，（c）组为 SBD 中的示例，它们均含有内容单一的区域。超像素的数量均设置为 600。

　　可以看出，本章算法能够同时贴合物体的强边缘和弱边缘，且在内容单一的区域生成的超像素极度规整。CW 贴合了物体的强边缘，但在相对较弱边缘的处理上十分欠缺。它可以很好地贴合如（a）组中花瓶瓶身这样虽细但梯度相对较强的边缘，以及（c）组中交通灯这样很细节但也是强梯度的边缘，但在（a）组中花瓶底部、（b）组中过山车的外部轮廓，以及（c）组中树的外边缘这些范围内对比度较低的地方，CW 的表现不尽如人意。（a）和（b）组中圈出的部分显示，即使物体的外部边缘空间上更邻近相应超像素的种子点，CW 还是贴合了梯度更强的阴影处，而非物体的真实边缘。SCoW 的边缘贴合能力更差，因其更注重空间上的约束，导致其比 CW 丢失的细节更多。SLIC 和 DBSCANSP 的边缘贴合能力也有不足，它们均丢失了（b）组中过山车的外部轮廓和（c）组中交通灯处的细节。

GMMSP 在大多数情况下表现良好，但仍在如（a）和（c）组中细小的部分处理不当。SEEDS 同样在（a）和（c）组中表现出对细节不敏感，同时，其生成的超像素即使是在内容单一的区域也十分不规整。ETPS 和高准组 WSBM_G 能够很好地贴合物体边缘，但超像素的形状非常不规整，导致视觉上极度杂乱，因此对于这两种算法，规整度等级为 0 时的参数设置在实际应用中并不适用。CW 和 SCoW 生成的超像素边界在内容单一的区域也不够平滑。GMMSP 生成的超像素则在颜色渐变的内容单一区域受到了一定的影响。相比之下，正常组 WSBM_N 则在这些内容单一的区域生成了极度规整的超像素。

综上，与已有算法相比，本章算法能够以较快的速度生成较高准确度的超像素，且超像素在内容单一的区域呈现出极高的规整度。

3.3.4　创新点与优势

实验分析证明，本章算法的创新点及优势如下。

（1）在第一阶段，算法改良了原始的分水岭算法，通过提出一个新的基于颜色特征和尺寸约束的优先级计算方式，在保持速度优势和相似规整度的同时，提升了原始分水岭算法的准确度。

（2）在第二阶段，算法提出了一个新的内容适应性生成策略，即通过图像内容的特性将图像分为内容丰富的区域和内容单一的区域，并通过两个独立的标准分阶段、分区域地对其中超像素的边界像素进行修正，先以全局的准确度优先，再以局部的规整度为准，这种差异性处理方式有效地消减了准确度与规整度之间的互斥程度。

（3）当进行迭代式处理时，算法通过使用一组优先级队列来快速完成边界行进，且每次迭代中，只对部分像素进行计算，效率较高。

（4）与已有算法相比，算法具备较快的实时速度，生成的超像素既有较高的准确度，又在内容单一的区域中呈现出极度规整的形态，适用于一些对处理速度有严格要求、需要物体轮廓信息的相关应用。

3.4 本章小结

本章介绍了一些快速的超像素生成算法，总结和分析了算法的结果质量及存在的问题，并针对问题提出了应对策略。利用颜色及尺寸特征设计了基于分水岭的优先级计算方式，生成了初步的超像素结果，在此基础上，采用内容适应性生成策略，使用一组优先级队列实现了边界的迭代式修正，其中，基于颜色特征对全局边界像素进行重新鉴定，基于梯度特征对得到的边界进行筛选，基于位置特征对筛选而来的局部边界像素进行重新鉴定，以此分解了准确度与规整度的制约关系。通过与已有算法的对比实验，证明了所提出算法的有效性和优越性。

4　具有内容适应性处理标准的超像素生成算法

随着超像素生成算法的日益成熟，当下的研究重点不再是单一地追求高准确度或速度，而是在保证高准确度的基础上，平衡其与规整度的关系，使超像素更便于视觉上的观察或后续的处理，以适应于实际应用。

如上一章所述，部分超像素生成算法在处理像素时，不考虑图像的内容环境，因此生成结果存在很大程度上的准确度和规整度的互斥，造成超像素或者贴合边缘的能力不足，或者普遍呈现不规则的形状和扭曲毛糙的边界。针对这种现象，诞生了一类可根据图像内容制定超像素性质的生成算法，本书将这类算法称为内容适应性（content-adaptive）超像素生成算法。在这个类别中，一部分算法通过在空间约束的设计中将路径间的颜色等信息考虑在内，使生成的超像素在颜色复杂的地方分布比较密集（即超像素的面积较小），在颜色单一的区域则排列比较疏松（即超像素的面积较大）。这部分算法称为内容敏感性（content-sensitive）超像素生成算法，代表算法有 SSS[34]、BGS[36]、MSLIC[43]、IMSLIC[44]、qd-CSS[45] 等。它们通过对超像素进行更合理的排布，能够在一定程度上缓解准确度和规整度的互斥。不过，这些算法对像素的处理标准仍是一视同仁的，并不因图像内容的不同而变化，因此仍然存在空间约束过强使准确度不佳的现象。另一种算法则根据图像内容环境而对像素进行差异化的处理，代表算法有 CAS[49] 和本书上一章提出的 WSBM[129]。然而 CAS 和 WSBM 仅从梯度上对像素进行了差异化处理，导致其在噪声较大和纹理复杂的区域和其他算法一样规整度极低。

本章在 WSBM 的基础上，针对现有算法的一些不足，提出了一种新的具有内容适应性处理标准的超像素生成算法。该算法直接从初始区块开始，改进了以准确度为优先的全局边界行进，接着在以规整度为准的局部边界行进中，扩大了筛选区域，使超像素能够在贴合物体边缘的同时，在更大范围内的无物体边缘区域保持高规整度。下面将详细阐述相关的内容。

4.1　问题分析及应对策略

4.1.1　问题分析

见图 4.1。

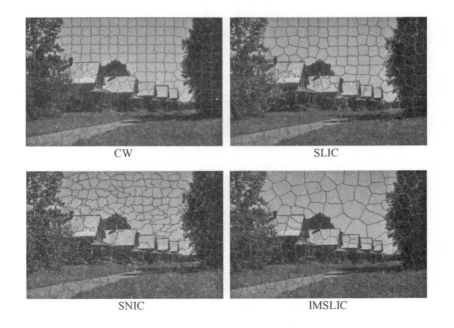

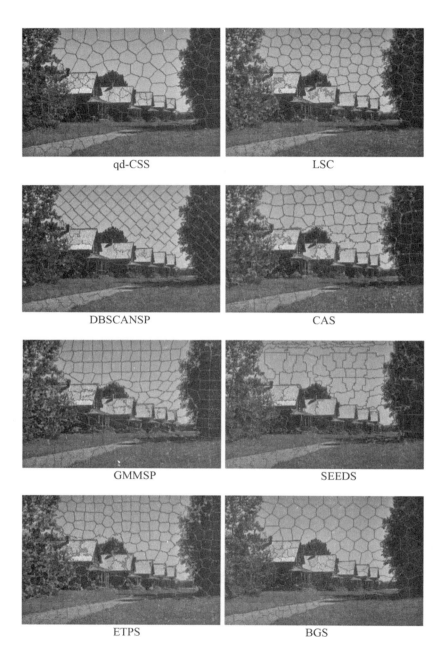

qd-CSS

LSC

DBSCANSP

CAS

GMMSP

SEEDS

ETPS

BGS

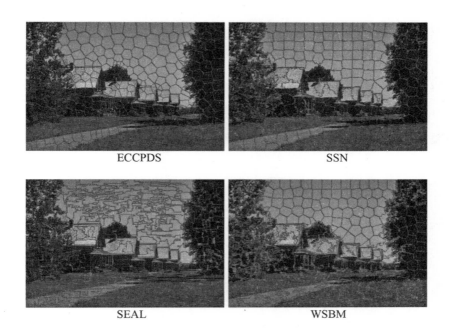

图4.1　几种代表性算法的超像素生成

Fig. 4.1　Visual results of some representative methods

图 4.1 展示了若干代表性超像素生成算法的处理结果，可看到这些算法在准确度或规整度上仍有不足。

（1）CW、SLIC、DBSCANSP、SSN 生成的超像素较为规整，但或多或少存在一些丢失的细节，如树的轮廓和阴影。

（2）SNIC、SEEDS、SEAL 生成的超像素极其不规整，即使是在颜色单一和渐变的天空处，超像素的形状和边界均十分杂乱。

（3）LSC、CAS、GMMSP、ETPS、WSBM 在天空处的超像素较为规整，但在具有噪声和纹理的区域，即道路和草坪处，其生成的超像素的边界仍然扭曲毛糙。

（4）IMSLIC、qd-CSS、BGS 能够根据图像的内容调整超像素的大小，但在贴合物体边缘方面以及在道路和草坪处的超像素边界平滑程度上都存在着提升的空间。

（5）ECCPDS 生成了全局性的凸状多边形超像素，规整度极高，但其边缘贴合能力却大大受损。

总结而言，大多数算法在准确度和规整度上存在着较强的制约性，且规整度受噪声和纹理的影响并不够理想。见表 4.1。

表4.1 一些传统的超像素生成算法及其采用的特征

Table 4.1 Some traditional superpixel methods and their adopted features

算法	发表年份	初始方式	标记方式	利用特征					
				颜色	梯度	纹理	位置	尺寸	边界
CW[42]	2014	种子点	基于分水岭	—	√	—	√	—	—
WP[54]	2015	种子点	基于分水岭	—	√	—	√	—	—
WSBM[129]*	2020	种子点	基于分水岭	√	√	—	√	√	—
BGS[36]*	2017	种子点	基于聚类	√	√	—	√	—	—
SLIC[37]	2012	种子点	基于聚类	√	—	—	√	—	—
LSC[40]	2015	种子点	基于聚类	√	—	—	√	—	—
SNIC[41]	2017	种子点	基于聚类	√	—	—	√	—	—
IMSLIC[44]*	2018	种子点	基于聚类	√	—	—	√	—	—
qd-CSS[45]*	2019	种子点	基于聚类	√	—	—	√	—	—
DBSCANSP[48]	2016	种子点	基于聚类	√	—	—	—	√	—
CAS[49]	2018	种子点	基于聚类	√	√	√	√	—	—
GMMSP[67]	2018	种子点	基于GMM	√	—	—	√	—	—
SEEDS[57]	2012	区块	基于能量优化	√	—	—	—	—	√
ETPS[58]	2015	区块	基于能量优化	√	—	—	√	√	√
ECCPDS[61]*	2021	种子点	基于能量优化	√	√	—	√	—	—

＊为内容适应性超像素生成算法。

表 4.1 展示了一些传统的超像素生成算法所采用的各类特征，这些特征可归纳为颜色特征、梯度特征、纹理特征、位置特征、尺寸特征、边界

特征等。除 WSBM 以外的算法通常使用颜色和梯度特征来追求超像素的准确度，在此基础上辅以基于位置、尺寸、边界特征的约束，并以这个处理标准无差别地对待全局的像素，即使是内容适应性超像素生成算法也不例外，这就是准确度和规整度互斥的成因。

本书上一章所提出的 WSBM 算法制定了一种新的内容适应性生成策略，即按照图像内容的性质，将图像分为有物体边缘和无物体边缘两种区域，针对每种区域的不同需求，分阶段、分区域地差异化处理其中的像素。这缓解了准确度与规整度的互斥性，但缓解的程度十分有限，且其自身也仍然存在着改进的空间。

对以上不足进行总结和分析，有如下三个问题有待解决。

1. WSBM 的准确度仍需优化

WSBM 在以准确度为优先的阶段，首先以改良后的分水岭算法生成初步的超像素，再在此基础上进行全局边界优化，进一步提升准确度。这种方式在流程上略显烦琐，且在准确度的追求上仍有缺陷。

原因之一是，虽然生成的初步超像素比原始分水岭算法的结果更为准确，但其准确度仍显不足。原因之二是，虽然全局边界优化大幅提升了准确度，但其设置的颜色缓冲参数仍然产生了不良影响，尤其在颜色差异不大的区域表现不佳。

2. 光照会对准确度和规整度造成不良影响

在实际场景中，不同的光照强度和物体表面的反光程度造成了同一物体也会产生颜色深浅的变化。这种变化对于探测物体真实边缘有一定的干扰，且对物体内部超像素的规整度有抑制作用，而包括 WSBM 在内的大多数算法对这一不良影响并没有进行针对性的处理。

3. 大多数算法的规整度不够理想

一个具有理想规整度的超像素生成结果应至少在无物体边缘的区域呈

现规则的形状和平滑的边界，而现有的大多数算法的规整度即使在颜色均匀的部分能够达到较高的水平，也在具有噪声和纹理的区域（如图4.1中的草坪处）受到强烈的限制。这是因为这些算法没有针对噪声和纹理做出处理，如表4.1所示，只有CAS算法对纹理特征加以利用，但该特征却因其他特征性的制约而收效甚微。

4.1.2　应对策略

为解决这些问题，本章提出了新的具有内容适应性处理标准的超像素生成算法（Superpixels with Content-adaptive Criteria，SCAC）。该算法以初始区块开始首先进行以准确度为优先的超像素生成，再通过多方面的筛选，在符合条件的区域对其中的边界像素以规整度为优先进行重新标记。该算法在WSBM的基础上主要做出了如图4.2所示的改进。

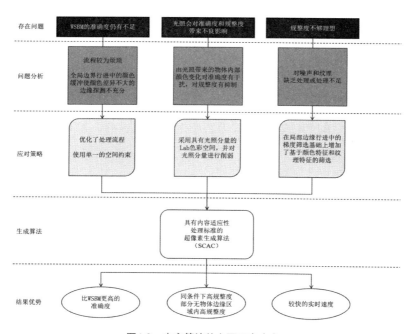

图4.2　本章算法的主要研究内容

Fig. 4.2　The research content of SCAC

1. 针对 WSBM 的优化

本章算法优化了处理流程，直接从初始区块开始，分别于全局和局部进行边界行进。全局边界行进使用以准确度为优先的处理标准，局部边界行进只作用于筛选出来的无物体边缘的区域，使用以规整度为准的处理标准。

在全局边界行进中，本章算法不再使用颜色缓冲，只使用空间约束作为对规整度的控制，通常情况下，该空间约束设为最低程度。

2. 针对光照带来的不良影响

本章算法在计算颜色特征时，采用了具有光照信息分量的 Lab 色彩空间，并通过加权的方式对光照信息分量进行了削弱，减少了光照的影响。

3. 针对规整度受限的问题

本章算法延续了 WSBM 的内容适应性生成策略，并对它进行了完善。于局部边界行进的筛选过程中，在原有梯度特征过滤的基础上，增加了基于颜色和纹理的过滤，以此消减了噪声和纹理对规整度的限制，扩大了规整度提升范围。

4.2　内容适应性超像素生成算法设计

本节将详细介绍本章算法的设计与实现。

4.2.1　算法基本框架及特征距离函数

见图 4.3。

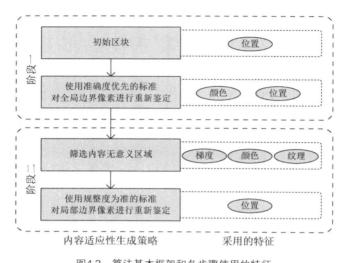

图4.3　算法基本框架和各步骤使用的特征

Fig. 4.3　Proposed strategy and features used in each step

图4.3展示了本章算法的基本框架以及在每个步骤使用到的像素特征。算法隐形地将图像分为两种区域：含有物体边缘的内容有意义（content-meaningful）区域以及无物体边缘的内容无意义（content-meaningless）区域，并依此将处理过程分为两个阶段：准确度优先的超像素生成和规整度优先的超像素修正。首先，算法仅根据空间位置关系生成方形初始区块，然后利用颜色特征及极少的空间约束对所有边界像素进行迭代式重新鉴定和标记，这个阶段的超像素注重的是贴合物体边缘的能力，即以准确度为优先。接着，算法利用梯度、颜色和纹理特征，筛选出图像中内容无意义的区域，然后仅根据位置特征对处在该区域内的边界像素进行重新鉴定和标记，这个阶段促使符合条件的超像素具有规则的形状和平滑的边界，即以规整度为准。

在本章算法中，像素 p 可用其特征表示为 $p=[l_p,\ a_p,\ b_p,\ x_p,\ y_p,\ g_p,\ t_p]^T$。其中，$[l,\ a,\ b]^T$ 是颜色特征，$[x,\ y]^T$ 是位置特征，g 和 t 分别是梯度特征和纹理特征。这些特征同样可以用来描述一个超像素或一条边，对于超像素和边，相应的特征值为包含的所有像素的平均特征值。算法所采用的特征及其距离函数设计如下。

1. 颜色特征

现有的超像素生成算法在处理颜色特征时用到了多种色彩空间，常用的有 RGB 色彩空间、Lab 色彩空间、HSV 色彩空间等。本章算法注意到光照信息会影响图像的处理。如图 4.4 所示，在原始图像中，马的身体内部因光照而显示出不同的色彩深度，然而，这些色彩的变化会对超像素生成算法的准确度产生干扰，并对规整度有抑制作用。因此，本章算法为颜色特征采用 Lab 色彩空间，因在这个色彩空间上，光照信息是被单独提取出来的。

原始图像

l:亮度

a:从绿色到红色的分量

b:从蓝色到黄色的分量

图4.4 Lab色彩空间各分量的示例图

Fig. 4.4 Images indicating each component of the Lab color space

　　图 4.4 中的图像展示了示例图像在 Lab 色彩空间的三个分量，l 是光照信息分量即亮度，a 和 b 分别是从绿到红和从蓝到黄的色彩分量。可以看到，l 分量保留了色彩深度变化的细节（如马的身体和草地的纹理），而这些细节对于检测物体边缘是没有意义且会产生干扰的。a 和 b 分量则通过色调的变化保留了物体的边缘信息（如马的轮廓），而 l 分量中的那些无意义的细节则一定程度上被减弱。

　　因此，本章算法在计算颜色特征距离的时候，在 l 分量上增加了一个小于 1 的权重来削弱光照信息带来的不良影响。颜色特征的距离函数定义如下：

$$D_{col}(i,j) = \sqrt{\alpha(l_i-l_j)^2 + \beta(a_i-a_j)^2 + \gamma(b_i-b_j)^2} \qquad (4.1)$$

$$\beta = \gamma = 0.5 \cdot (3-\alpha) \qquad (4.2)$$

　　$D_{col}(i,j)$ 是两个元素 i 和 j 的颜色距离，i 和 j 可以是像素、超像素或边，l、a、b 是 Lab 色彩空间上的三个分量，当元素为超像素或边时，其颜色分量为其包含的所有像素的平均颜色分量，α、β、γ 分别是 l、a、b 的权重参数，同时符合 $\beta=\gamma$，且 $\alpha+\beta+\gamma=3$，这样的设计是为了在后续实验中调整权重参数时，色彩特征和位置特征的比重保持一致，权重参数的选取详见 4.3.2 节。

　　2. 位置特征

　　对于本章算法来说，空间的位置特征同样是用来保证超像素的规整度的。元素 i 和 j 的空间位置距离定义为其中心点坐标间的欧几里得距离，函数如下：

$$D_{pos}(i,j) = \sqrt{(x_i-x_j)^2 + (y_i-y_j)^2} \qquad (4.3)$$

　　$D_{pos}(i,j)$ 是元素 i 和 j 的空间位置距离，x 和 y 分别是其中心点的横坐标和纵坐标。

3. 梯度特征

梯度特征衡量了一个像素与其相邻像素相比的颜色变化程度，可以用来推测该像素是否处在物体边缘上，以及该边缘的强弱程度。在本章算法中，梯度特征采用索贝尔算子来计算，定义如下：

$$G_x = \begin{bmatrix} -1 & 0 & +1 \\ -2 & 0 & +2 \\ -1 & 0 & +1 \end{bmatrix} * I, \ G_y = \begin{bmatrix} +1 & +2 & +1 \\ 0 & 0 & 0 \\ -1 & -2 & -1 \end{bmatrix} * I \quad (4.4)$$

$$G_I = \sqrt{(G_x)^2 + (G_y)^2} \quad (4.5)$$

G_x 和 G_y 分别是图像 I 的横向与纵向梯度图，G_I 是最终的梯度图像。一个超像素或一条边的梯度值则为其包含的所有像素的梯度平均值。

4. 纹理特征

本章算法采用和 CAS 相同的纹理特征计算方式，即 WLD 的差励（differential excitation）部分，定义如下：

$$t_p = \arctan \frac{\sum_{q=1}^{8} (c_q - c_p)}{c_p + \epsilon} \quad (4.6)$$

t_p 是像素 p 的纹理特征，q 为与 p 相邻的像素，共有 8 个，c_p 和 c_q 分别是相应像素的灰度值，ϵ 是一个极小的常量，以防止分母为零。

元素 i 和 j 之间的纹理距离函数为：

$$D_{text}(i, j) = |t_i - t_j| \quad (4.7)$$

$D_{text}(i, j)$ 为元素 i 和 j 之间的纹理距离，当元素为超像素或边时，其纹理特征为其包含的所有像素的平均纹理特征。

4.2.2　准确度优先的超像素生成

这一阶段的目标是利用颜色特征和极少的空间约束来生成尽可能准确的超像素。该阶段分为两个步骤：初始化区块以及以准确度为优先的边界像素重新鉴定。见图 4.5。

如图 4.5 中（a）组所示，对于图像 I（高为 h，宽为 w），算法首先根据输入的超像素个数 N 以间隔 $d=\sqrt{\dfrac{h \cdot w}{N}}$ 初始化超像素区块。

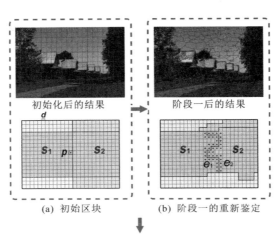

（a）初始区块　　　　　　（b）阶段一的重新鉴定

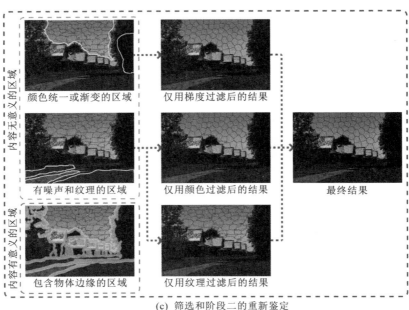

（c）筛选和阶段二的重新鉴定

图4.5　算法流程图

Fig. 4.5　The flowchart of the proposed method

接着，算法通过如下标准对初始化后的边界像素进行重新鉴定和标记：

$$L_1(p) = \begin{cases} L(s_1), & \text{if } D_{col}(s_1, p) + \lambda \cdot D_{pos}(s_1, p) \leq D_{col}(s_2, p) + \lambda \cdot D_{pos}(s_2, p) \\ L(s_2), & \text{if } D_{col}(s_1, p) + \lambda \cdot D_{pos}(s_1, p) > D_{col}(s_2, p) + \lambda \cdot D_{pos}(s_2, p) \end{cases}$$

(4.8)

s_1 和 s_2 为两个相邻的超像素，像素 p 为 s_1 和 s_2 间的边界像素（$p \in s_1$），$L_1(p)$ 为像素 p 的新标记，$L(s_1)$ 和 $L(s_2)$ 分别为 s_1 和 s_2 的标记，λ 为规整度参数。当计算 $D_{col}(s_1, p)$ 和 $D_{pos}(s_1, p)$ 时，像素 p 不包含在 s_1 内。

与 WSBM 的第二阶段相似，本章算法同样利用一组先进先出的优先级队列来完成对边界像素的重新标记，如图 4.6 所示。首先，所有的边界像素（相邻的两个不同标记的边界像素，取标记较小的那个）均被推入到第一列中，再依次推出并根据公式（4.8）进行重新鉴定和标记。接着，将邻域内未在队列中的未被重新鉴定过的新边界像素推入到下一队列中。待所有在较高优先级队列中的像素被推出并处理完毕后，再处理较低优先级队列中的像素。这个处理过程一直重复到邻域内所有边界像素都被重新鉴定过或下一队列超出人为设置的可变化范围 MQ_1 为止，$MQ_1 = \max\left(\dfrac{d}{2}, 10\right)$。这个重新鉴定的过程是迭代的，迭代次数为人为设置的参数 Itr。

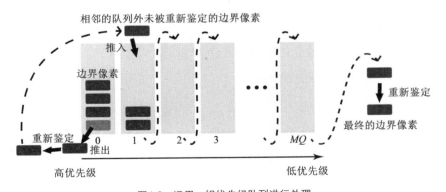

图4.6 运用一组优先级队列进行处理

Fig. 4.6 Processing using a set of ordered priority queues

与 WSBM 相同，为避免生成孤立的超像素，当推出的边界像素处于如图 4.7 所示的环境（不考虑方向）时，该像素的标记不可改变。图 4.7 中，每个方格代表一个像素。中央 1 号方格为待鉴定边界像素，2 号方格为与边界像素具有相同标记的像素，3 号方格为与边界像素具有不同标记的像素，4 号方格的标记不受限制。当处于左侧情况时，如果至少一个 5 号像素拥有与边界像素不同的标记，以及当处于右侧情况时，中心边界像素的标记不可更改。

 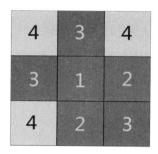

图4.7　禁止更改标记示意图
Fig. 4.7　Illustrations of the changing forbidden cases

算法 4.1 给出了以准确度优先的超像素生成过程。

算法4.1　以准确度优先的超像素生成算法

输入：图像I，超像素数量N，规整程度参数λ，迭代次数Itr

输出：像素标记$\{L(p)\}_p$

1:　生成初始区块，建立优先级队列$Q[NQ]$；

2:　while 迭代次数未超过Itr do

3:　将边界像素推入$Q[0]$中；

4:　while Q中前$MQ-1$个队列不为空 do

5:　推出首个非空队列$Q[j]$的首位像素p，根据公式（4.8）进行重新鉴定；

6:　if $j < MQ_1 - 1$ then

7:　　将p邻域内在队列外的未重新鉴定的边界像素推入$Q\left[\,j+1\,\right]$中；

8:　　end if

9:　　end while

10:　end while

图 4.5 中（b）组展示了这一阶段的处理结果示例。超像素的边界极大限度地贴合了图像中物体的边缘，且每个超像素都呈现较强的颜色统一性。

4.2.3　规整度为准的超像素修正

这一阶段的目标是提升处于图像中内容无意义区域的超像素的规整度。该阶段同样分为两个步骤：区域筛选和以规整度为优先的边界像素重新鉴定。

如图 4.5 中（c）组所示，算法将图像分析并拆解为有物体边缘的内容有意义的区域（浅色覆盖处），剩余区域则为内容无意义的区域。内容无意义的区域一般可分为：（1）颜色单一的区域（如图中右侧树冠内部）；（2）颜色渐变的区域（如图中天空）；（3）具有噪声和纹理的区域（如图中草地和道路）。为了将这些区域筛选出来，首先需对处于这些区域中的超像素的边界进行分析。在颜色单一或渐变的区域，超像素边界的平均梯度很低（已经 WSBM 验证）。在具有噪声的区域，超像素边界的平均梯度会因噪点而略高，但相邻的两个超像素颜色会很接近。在具有纹理的区域，超像素的边界平均梯度可能较高，相邻超像素的颜色也略有差异，但其纹理特征是相似的。因此，算法根据这三种特性设计了三个分别基于梯度、颜色、纹理的过滤器。

如图 4.5 中（b）组所示，s_1 和 s_2 为两个相邻的超像素，它们共享两条边，e_1（标有浅色圆点的像素）属于 s_1，e_2（标有深色圆点的像素）属于 s_2。

1. 梯度过滤器

WSBM 和本章算法皆认为，虽然具有强梯度的边未必一定是物体的边缘，但物体的边缘一定具有一些梯度。因此梯度极低的区域往往是无物体边缘的颜色单一或渐变的区域。和 WSBM 相似，本章算法将平均梯度极低的超像素边界视为非物体边缘。因此梯度过滤器 F_g 定义如下：

$$F_g(e_1) = \begin{cases} 1, & \text{if } g_{e_1} \leqslant \theta_g \\ 0, & \text{otherwise} \end{cases} \quad (4.9)$$

其中，θ_g 是梯度阈值参数。当 $F_g(e_1) = 1$ 时，e_1 被认为处在内容无意义的区域。

2. 颜色过滤器

颜色过滤器是用来检测虽无物体边缘，但超像素的边界因噪点的存在而梯度略高的区域。当 e_1 和与其相邻的 s_2 颜色接近，且 e_1 的梯度适中时，算法将该条边界视为非物体边缘。采用边与相邻超像素相比，而非两个超像素互相对比，是为了将由一条细线分割两个超像素的情况排除在外。因此颜色过滤器 F_c 定义如下：

$$F_c(e_1) = \begin{cases} 1, & \text{if } Dcol(e_1, s_2) \leqslant \theta_c \text{ and } g_{e_1} \leqslant \kappa_1 \cdot \theta_g \\ 0, & \text{otherwise} \end{cases} \quad (4.10)$$

其中，θ_c 是颜色阈值参数，κ_1 是一个大于 1 的常量参数。当 $F_c(e_1) = 1$ 时，e_1 被认为处在内容无意义的区域。

3. 纹理过滤器

纹理过滤器是用来检测虽无物体边缘，但超像素因纹理的存在而具有较高的边界梯度和颜色差异的区域。当 s_1 和 s_2 的纹理特征相似，颜色差异适中，且 e_1 的梯度在合理范围内时，算法将该条边界视为非物体边缘。因此纹理过滤器 F_t 定义如下：

$$Ft\ (e_1) = \begin{cases} 1, & \text{if } D_{text}\ (s_1,\ s_2) \leq \theta_t \text{ and } \sigma_t\ (s_1) \geq \theta_\sigma \text{ and } D_{col}\ (e_1,\ s_2) \\ & \leq \kappa_2 \cdot \theta_c \text{ and } g\ (e_1) \leq \kappa_3 \cdot \theta_g \\ 0, & \text{otherwise} \end{cases} \quad （4.11）$$

$$\sigma_t\ (s) = \sqrt{\frac{\sum_{q=1}^{n_s}\ (t_q - \mu_s)^2}{n_s}} \quad （4.12）$$

其中，σ_t 是超像素的纹理方差，设置 σ_t 的目的是确保是纹理使得两个相邻超像素具有颜色差异和边界梯度，而不是一条细线将两个颜色单一的超像素分割，n_s 是超像素 s 所包含的像素个数，μ_s 是超像素 s 的平均纹理特征，θ_t 和 θ_σ 分别是纹理和纹理方差的阈值参数，κ_2 和 κ_3 是两个大于 1 的常量参数。当 $F_t\ (e_1) = 1$ 时，e_1 被认为处在内容无意义的区域。

综上所述，当梯度、颜色、纹理的任一过滤器得到的值为 1 时，该超像素边界即可被视作处于内容无意义的区域，进而可根据规整度为优先的原则对其进行重新鉴定和标记，鉴定标准为：

$$F\ (e_1) = \begin{cases} 1, & \text{if } F_g\ (e_1) = 1 \text{ or } F_c\ (e_1) = 1 \text{ or } F_t\ (e_1) = 1 \\ 0, & \text{otherwise} \end{cases} \quad （4.13）$$

$$L_2\ (p) = \begin{cases} L\ (s_2), & \text{if } F\ (e_1) = 1 \text{ and } F\ (e_2) = 1 \text{ and } D_{pos}\ (s_1,\ p) \\ & > D_{pos}\ (s_2,\ p) \\ L\ (s_1), & \text{otherwise} \end{cases} \quad （4.14）$$

$F = 1$ 则代表相应的边将在这个阶段被重新鉴定和标记，$L_2\ (p)$ 是像素 p 的新标记（$p \in s_1$）。仅有当 e_1 和 e_2 同时符合被重新鉴定的条件时，它们才可被重新标记。在这个阶段，重新标记的标准仅与空间位置相关，因此生成的超像素具有较高的规整度。

这个重新标记的过程同样通过图 4.6 所示的优先级队列实现。不同于算法第一阶段，这时只有符合条件的边界像素（即 $F = 1$ 的边界）被推入到第一个优先级队列中，可变化范围 $MQ_2 = \dfrac{d}{2}$。这个阶段的重新标记过程同

115

样可以迭代到满意为止。

算法 4.2 给出了以规整度为准的超像素修正过程。

算法4.2　以规整度为准的超像素修正算法

输入：图像I，像素标记$\{L(p)\}_p$

输出：最终的像素标记$\{L(p)\}_p$

1:　　计算超像素各边界在各过滤器下的筛选结果$F_g(e)$、$F_c(e)$、

　　　$F_t(e)$；

2:　　筛选出相邻超像素间两条边界均符合$F(e)=1$的边界像素，将其推

　　　入$Q[0]$中；

3:　　while Q中前$MQ-1$个队列不为空 do

4:　　推出首个非空队列$Q[j]$的首位像素p，根据公式（4.14）进行重新

　　　鉴定；

5　　　if $j<MQ_2-1$ then

6:　　将p处于队列外的相邻边界像素推入$Q[j+1]$中；

7:　　end if

8:　　end while

　　结果示例如图 4.5 中（c）组所示。可以注意到，示例图中一些噪声、纹理较强的区域（如屋顶）并没有被颜色、纹理过滤器筛选出来，这是因为相关阈值与常量参数κ_2和κ_3被设置得相对较小，以保证一些较弱的物体边缘不会被重新标记。详细讨论见 4.3.2 节。

4.3　实验及分析

本节首先从算法自身的角度展示其在不同参数设定下的表现，接着，以最优参数设定，将算法与目前的经典或优质算法进行比较并作分析，对比算法为 CW、SLIC、SNIC、IMSLIC、qd–CSS、LSC、DBSCANSP、CAS、GMMSP、SEEDS、ETPS、BGS、ECCPDS、SSN、SEAL、WSBM。

本节实验与上一章实验所使用的数据集相同，均为 BSDS500[123] 和 SBD[124]，详见 3.3.1 节。

实验所用评价指标为边界召回率（BR）、欠分割率（UE）、分割准确度（ASA）、诠释差异度（EV）、规整度（CO）、运行时间（Time），详见 2.3 节。与上一章相同，本节增加了一个评估综合准确度的指标 Acc=（1–UE+BR）·0.5。

本节实验环境是 Windows 10 操作系统，Intel Core（TM）i5–8400 CPU（2.80 GHz），8G 内存。对于本章算法以及 CW、SLIC、SNIC、LSC、DBSCANSP、CAS、GMMSP、SEEDS、BGS、WSBM，图像读取和写入的编译环境为 Matlab R2015b，算法部分是用 C++ 混合编程（MEX）实现。IMSLIC 和 ECCPDS 使用由相应作者提供的封装程序来完成。qd–CSS 与 ETPS 的编译环境分别为 Visual Studio 2019 和 2013，均为通过 C++ 实现。SSN 和 SEAL 为基于深度学习的算法，其运行环境与其他算法不同，故在运行时间上不作对比，仅以原文中的速度关系进行分析。

4.3.1 参数设定及质量分析

本章算法中的阈值参数有 4 个，根据自然彩色图像的普遍特性，从结果的最优化角度考虑，将阈值参数设置为 θ_g=5，θ_c=3，θ_l=0.2，以及 θ_σ=0.02。算法剩余参数为颜色特征权重参数 α，规整度参数 λ，第一阶段中的迭代次数 Itr，以及过滤器中系数参数 κ_1、κ_2 和 κ_3。见图 4.8。

图 4.8 中（a）组展示了在 BSDS500 的训练集中当超像素个数设置为 N=300 和 N=1%$\times K$ 时不同 α 和 λ 下的第一阶段的结果。x 轴为每个 α 值得到的 CO。对于每一个 α 值，上面的五组数据分别是 λ 值为 0、0.05、0.1、0.15、0.2 的结果。同时，β=γ，且 α+β+γ=3，这样的设定是为了使第一阶段中的颜色特征和空间约束的权重比保持一致。当使用默认代码将 RGB 图像转换到 Lab 色彩空间时，1 分量的取值为 0—255，而实际的 Lab 色彩空间中，1 分量的取值为 0—100。当 α=0.5 时，β=γ=1.25，l、a、b 的取值范围分别为 0—127.5、0—318.5、0—318.5，接近于实际上的 Lab 色彩空间三个分量的取值比重。因此，α=0.5 这一组数据可作为实际参照组，α=1 这一组则为默认处理组。在图 4.8 中，对于 UE，结果越处于右下方越好，对于 BR 和 Acc，结果越处于右上方越好，意味着其在规整度更高的同时，准确度也更好。

从该组实验可看出，削弱光照信息分量对算法的准确度和规整度均具有提升作用。α=0 时的 UE 和 BR 都最差，说明了光照信息在处理中是必要的。对于除去 α=0 这一组的剩余四组来说，在两种 N 的取值下，都显示出了相似的 BR 曲线。但是，α=0.1 组获得了最佳的 UE，进而也获得了最高的 Acc，尤其当 λ=0 时，α=0.1 组比其他三组都拥有更大的 CO 和更高的 Acc。因此在余下的实验和实际的应用中，算法采用并推荐使用 α=0.1，β=γ=1.45 这组设定，因其在两种 N 的取值下都优于其他组设定。算法通过

设定 λ 来控制规整程度。为了使第一阶段的结果具有较高的准确度和较低的规整度约束，算法推荐 $\lambda=0.05$ 为合适的选择，在余下的实验中，如无特别说明，则 $\alpha=0.1$，$\lambda=0.05$。

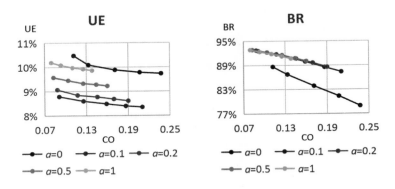

$N=300$

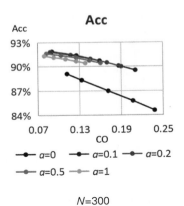

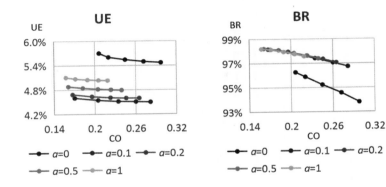

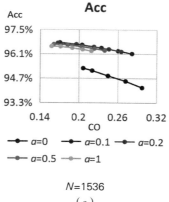

$N=1536$

（a）

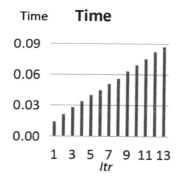

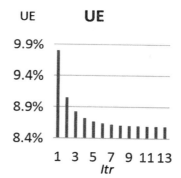

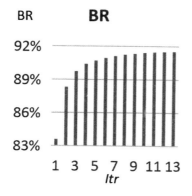

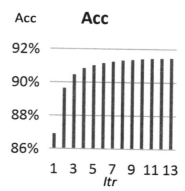

$N=300$

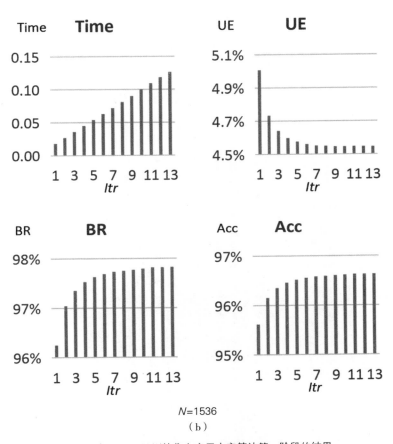

N=1536
（b）

图4.8 在BSDS500训练集上应用本章算法第一阶段的结果
Fig. 4.8 Results from applying the first step of SCAC using the BSDS500 "Train" dataset

图 4.8 中（b）组展示了在 BSDS500 训练集中使用不同迭代次数 *Itr* 时第一阶段的结果数据。可以看到，当次数越多时，UE 和 BR 越佳，但随着次数的增多，优化的程度越来越小。同时，迭代次数的增多自然导致运行时间的增长。考虑到 BR 的增长可能是由迭代次数增加使得边界像素增多导致的，因此算法主要根据 UE 值来选取合适的 *Itr*。在余下的实验和实际的应用中，算法采用并推荐使用 *Itr*=10。

在第一阶段中，*Itr*、MQ_1 和 λ 是一组共同决定超像素规整度的参数。为了在获得较高准确度的同时，平衡规整度和速度，本章实验选取适当的 *Itr* 和 *MQ*$_1$，利用 λ 来控制规整度。实际应用中，如果不考虑时间上的问题，可以设置一个较大的 λ 和足够大的 *Itr* 来得到较高的规整度。相同的，如果不考虑规整度，可以设置一个较小的 *Itr* 和极小的 λ 在较短时间内获取高准确度。

图 4.9 展示了图 4.5 中示例图片在不同过滤器参数下的最终结果，

（a）k_1=3，k_2=1，k_3=4

（b）k_1=3，k_2=3，k_3=4

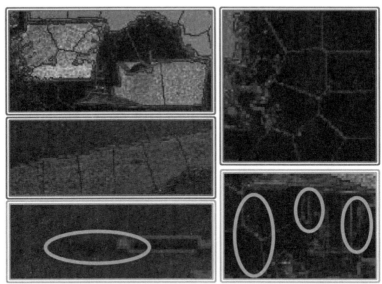

（c）$k_1=3$，$k_2=1$，$k_3=4$

图4.9　当图4.5应用不同过滤器参数时的最终结果

Fig. 4.9　Final results of Fig. 4.5 using different filter parameters

矩形边框标出了筛选有提升的区域，圆圈标注了丢失的细节。（a）组参数与图 4.5 中设置相同。（b）组提高了在纹理过滤器中的颜色阈值，增强了在道路和树处的筛选，然而，一些纹理相近处的弱边缘因此而丢失了。（c）组在此基础上又进一步提高了纹理过滤器中的梯度阈值，增强了屋顶处的筛选，但是更多的细节因此丢失了。在纹理丰富的区域，纹理的筛选和弱边缘的检测不可避免地一定程度上互斥。根据每个图片具体内容的不同，这组过滤器中的系数参数 κ_1、κ_2 和 κ_3 可进行适当的调整。在本章实验中，算法以准确度为重，故将参数设置为 $\kappa_1=3$，$\kappa_2=1$，$\kappa_3=4$。

表 4.2 和表 4.3 展示了在 BSDS500 的训练集中当超像素个数设置为 $N=300$ 和 $N=1\% \times K$ 时算法每个阶段的结果数据，以及它们和 WSBM、CAS 的对比。其中，SCAC_S1 为本章算法仅第一阶段的结果，SCAC_g、SCAC_c、SCAC_t 分别为本章算法仅使用梯度、颜色、纹理过滤器后的结果，SCAC_S2 为本章算法的完整结果。

表4.2　当N=300时在BSDS500训练集中各算法的结果

Table 4.2　Results for each method（N=300 using the BSDS500 "Train" dataset）

	SCAC_S1	SCAC_g	SCAC_c	SCAC_t	SCAC_S2	WSBM	CAS
CO	0.1257	0.1861	0.2116	0.1720	0.2221	0.1751	0.1985
UE	8.60%	8.60%	8.60%	8.58%	8.63%	8.75%	8.23%
BR	91.41%	90.70%	90.29%	90.59%	90.04%	88.29%	84.09%
Acc	91.41%	91.05%	90.85%	91.01%	90.71%	89.77%	87.93%
ASA	95.64%	95.63%	95.64%	95.65%	95.63%	95.58%	95.84%
EV	87.94%	87.81%	87.74%	87.79%	87.70%	86.44%	86.00%

表4.3 当N=1%×K时在BSDS500训练集中各算法的结果

Table 4.3 Results for each method（N=1%×K using the BSDS500 "Train" dataset）

	SCAC_S1	SCAC_g	SCAC_c	SCAC_t	SCAC_S2	WSBM	CAS
CO	0.2046	0.2774	0.3154	0.2766	0.3257	0.2719	0.2315
UE	4.55%	4.54%	4.55%	4.53%	4.56%	5.02%	4.60%
BR	97.79%	97.27%	96.82%	97.09%	96.61%	96.87%	96.55%
Acc	96.62%	96.37%	96.14%	96.28%	96.03%	95.92%	95.97%
ASA	97.71%	97.72%	97.71%	97.72%	97.71%	97.48%	97.69%
EV	91.92%	91.77%	91.68%	91.70%	91.64%	91.66%	91.16%

结果表明，SCAC_S1 获得了最高的准确度，梯度、颜色、纹理过滤器都成功地在没有过度损失 UE、BR、ASA、EV 的情况下大幅提高了 CO，验证了内容适应性生成策略的有效性。与 WSBM 和 CAS 对比，本章算法获得了最高的 Acc 和 CO，说明本章算法可在拥有更高规整度的同时获得更高准确度。

4.3.2 对比实验及结果分析

本节首先在训练集上对比算法与 CW、SLIC、SNIC、IMSLIC、ETPS、WSBM 在不同规整度参数下的结果。在最佳参数设置下，再在测试集和验证集上与经典或优质算法对比，除了上文提到的算法，这些经典或优质的算法还包括 qd-CSS、DBSCANSP、CAS、GMMSP、SEEDS、BGS、ECCPDS、SSN、SEAL，它们的参数选取为相应作者建议的默认设置。

1. 与规整度可控算法的对比

图 4.10 展示了在 BSDS500 和 SBD 训练集上算法与一些规整度可控算法在不同规整度设置下的结果。在（a）和（c）组中，N=300，在

（b）和（d）组中，$N=1\% \times K$（在 BSDS500 中为 1536，在 SBD 中约为 768）。本章算法使用 λ 来控制规整程度。为了使各算法的 CO 以相似的速率增长，本节设置 CW、SLIC、SNIC、IMSLIC、WSBM、本章算法的规整度等级（compactness level）分别为其相应规整度参数的 4、1、0.4、0.2、1、20 倍。IMSLIC 的规整度参数限制取值在 10—40，故它的规整度等级取值范围为 2—8。ETPS 的规整度等级是由其相关的三个参数集体决定，本实验中将 ETPS 的形状权重参数、边界长度权重参数、尺寸权重参数设为一致，其规整度等级设为形状 / 边界长度 / 尺寸权重参数与颜色权重参数比值的 10 倍。

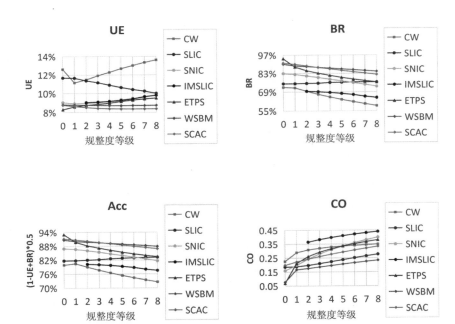

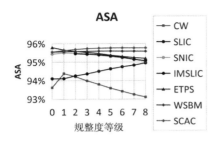

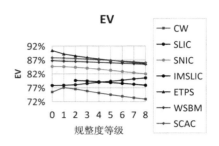

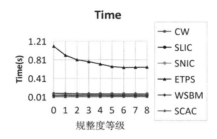

（a）BSDS500　N=300

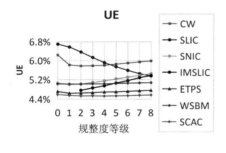

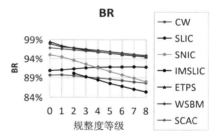

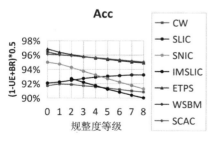

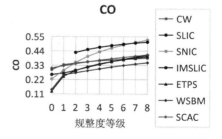

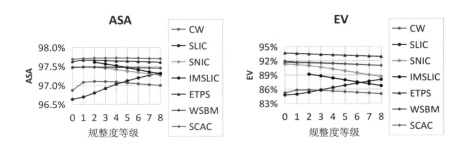

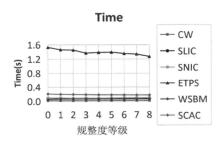

（b）BSDS500　*N*=1536

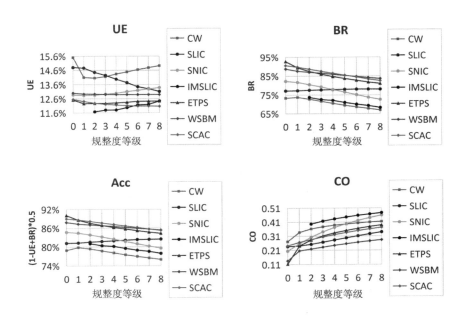

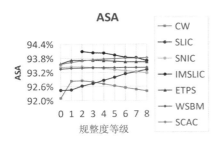

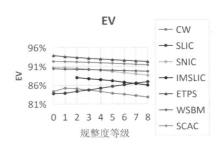

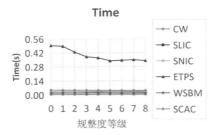

（c）SBD　*N*=300

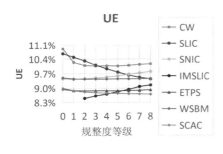

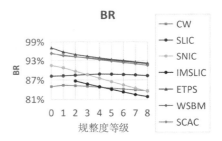

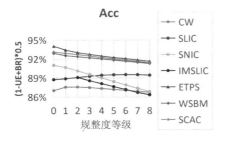

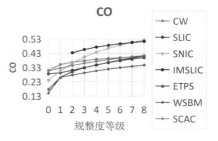

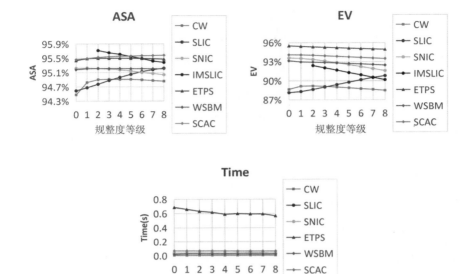

（d）SBD *N*=768

图4.10 在BSDS500和SBD训练集上的对比结果
Fig. 4.10 Performance measures using the BSDS500 and SBD "Train" datasets

结果显示，对于本章算法，随着 CO 的升高，BR 和 EV 会降低，UE 和 ASA 则在小范围内变动，超像素数量的增多会使运行时间增长，因为需要处理的边界像素数量更多。与其他算法相比，本章算法以实时的速度在 UE、BR、Acc、ASA、EV 上取得了最佳或次佳的结果。算法与 CW 和 SLIC 的 CO 相似，但其表现明显比 CW 和 SLIC 更佳。SNIC 和 IMSLIC 具有较高的 CO。然而，SNIC 与准确度相关的指标均表现不佳。即使 IMSLIC 在超像素数量较多时取得了最佳的 UE，它的 BR 却相当的低，导致了 Acc 不高。另外，根据统计[45]，IMSLIC 的运行时间较 ETPS 更长。ETPS 的 UE、BR、CO 与本章算法接近，但其速度较慢。与 WSBM 相比，本章算法能够在获得同样高的 BR 的同时，取得明显更佳的 UE 和 CO。

即使 ETPS 和 WSBM 在规整度等级为 0 时的准确度最高，它们的 CO

却极低，视觉上的效果也极其繁杂[129]。因此在接下来的实验中，对于
CW、SLIC、SNIC、IMSLIC、ETPS、WSBM 和本章算法，分别选取规整度
等级为 1、8、1、2、1、2 和 1 时的规整度参数。

图 4.11 展示了在 BSDS500 和 SBD 训练集上的视觉对比，圆圈标出了
分割错误的地方，虚线标注了丢失的细节。（a）和（b）组为 $N=300$ 时的
结果，（c）组为 $N=1\% \times K$ 时的结果，n 为实际生成的超像素数量。可以
看出，本章算法拥有较好的边缘贴合能力。其他算法都丢失了一些细节，
如（a）组中水牛的耳朵、（b）组中衣服的边缘、（c）组中轿车的轮廓。
另外，本章算法在内容无意义区域成功生成了较规整的超像素，如（a）
组中的水池、（b）组中的地面、（c）组中的地面和右侧建筑。

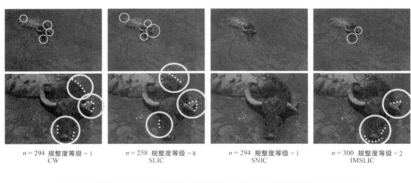

$n=294$ 规整度等级 = 1　　　$n=258$ 规整度等级 = 8　　　$n=294$ 规整度等级 = 1　　　$n=300$ 规整度等级 = 2
CW　　　　　　　　　　　SLIC　　　　　　　　　　SNIC　　　　　　　　　　IMSLIC

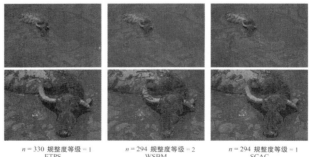

$n=330$ 规整度等级 = 1　　　$n=294$ 规整度等级 = 2　　　$n=294$ 规整度等级 = 1
ETPS　　　　　　　　　　WSBM　　　　　　　　　　SCAC

（a）

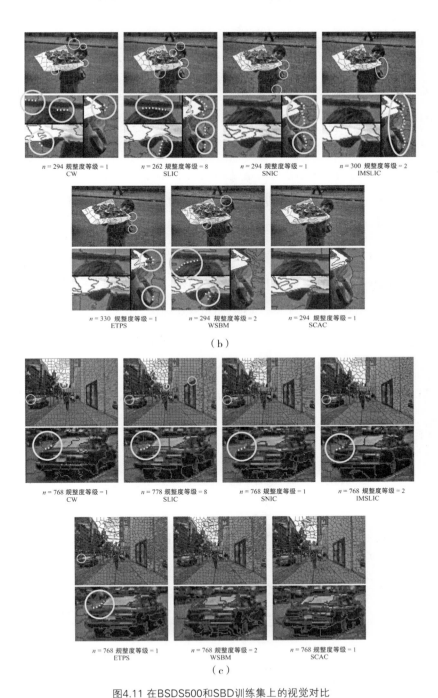

图4.11 在BSDS500和SBD训练集上的视觉对比

Fig. 4.11 Visual comparison using the BSDS500 and SBD "Train" datasets

2. 与经典及优质算法的对比

图 4.12、图 4.13、图 4.14 展示了各算法在 BSDS500 和 SBD 测试集和验证集上不同超像素数量下的对比结果。本章算法的参数设置为 Itr=10，λ=0.05（规整度等级 =1）。超像素的数量设置为从 200 到 2000，每 200 为一单位。

图 4.12 展示了准确度与规整度的对比，本章算法获得了较高的准确度，其规整度处于算法中等段位。由于 UE 和 ASA 的强相关性，此处仅以 UE 和 BR 为主来衡量算法的准确度。结果显示，本章算法取得了较低的 UE 和较高的 BR，获得了较高的准确度。与本章算法相比，SNIC、CAS、SEEDS、ETPS、WSBM 具有相似或较差的 UE 和 BR，同时它们的 CO 更低。CW、SLIC、IMSLIC、qd–CSS、LSC、DBSCANSP、BGS、ECCPDS 具有更高的 CO，然而它们的 Acc 较低（主要由低的 BR 造成）。虽然 GMMSP 的 UE 较好，且 CO 与本章算法相似或更好，但它的 BR 却远远不足。SSN 和 SEAL 是基于深度学习的算法。SSN 的 Acc 较低。虽然 SEAL 取得了最佳的 UE，但它的 CO 极低。

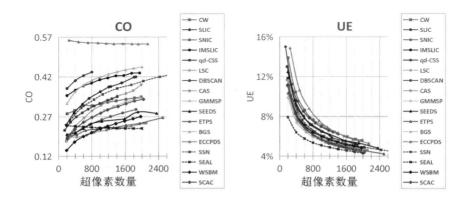

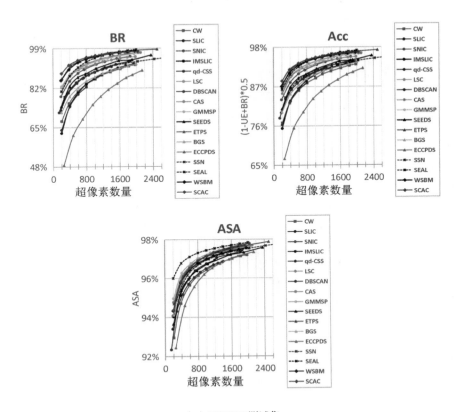

（a）BSDS500测试集

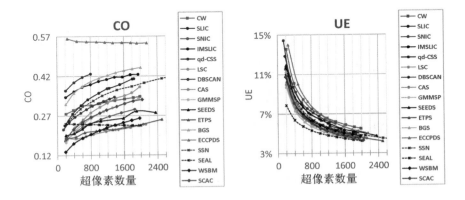

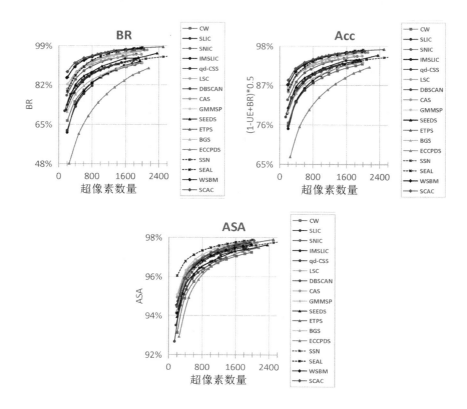

（b）BSDS500验证集

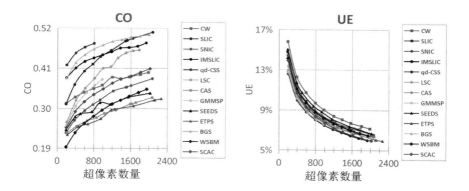

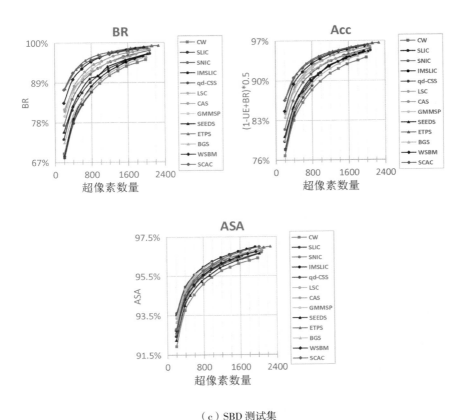

（c）SBD 测试集

图4.12　在BSDS500和SBD测试集和验证集上的对比结果

Fig. 4.12　Performance measures using the BSDS500 and SBD "Test" and "Val" datasets

　　从控制的角度来看，本章算法和 CW、IMSLIC、WSBM 相同能够生成近似的超像素数量。GMMSP 无法生成面积较小的超像素[67]，ETPS、ECCPDS、SSN 生成了过于超量的超像素，SLIC、LSC、DBSCANSP 则生成更少的超像素，SNIC、SEEDS、CAS、GMMSP 难以控制生成数量，qd-CSS、BGS、SEAL 能够获得与设置完全一致的超像素数量。

　　图 4.13 展示了各算法在 EV 上的对比，本章算法基本处于第二佳的位置，说明算法生成的超像素具有较为统一的颜色。

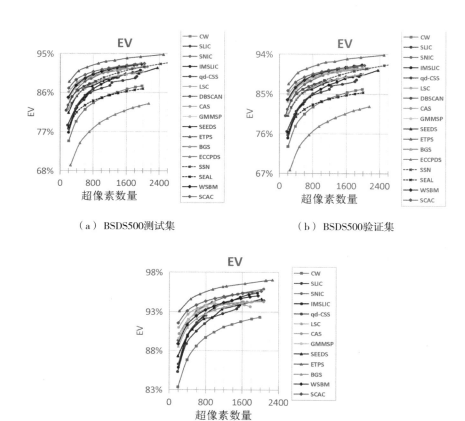

（a）BSDS500测试集　　　　　　（b）BSDS500验证集

（c）SBD测试集

图4.13　在BSDS500和SBD测试集和验证集上EV的对比结果

Fig. 4.13　Comparison of EV using the BSDS500 and SBD "Test" and "Val" datasets

图4.14展示了各算法的速度对比，从运行时间上来看，即使本章算法的速度因超像素的数量增长而减慢，其仍然达到了实时的标准。IMSLIC、ECCPDS、SSN、SEAL的运行时间因程序或环境的原因无法准确测量，根据所述[45]，它们皆慢于qd-CSS。结合对比结果可得，本章算法的速度基本快于LSC和GMMSP，大幅优于ETPS、ECCPDS、BGS、IMSLIC、qd-CSS、SSN和SEAL。

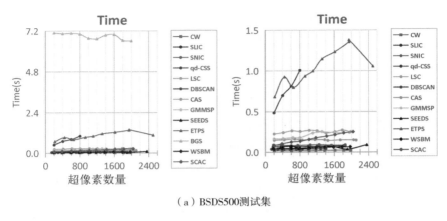

（a）BSDS500测试集

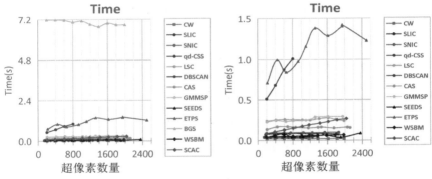

（b）BSDS500验证集

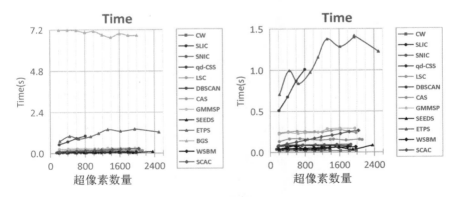

（c）SBD测试集

图4.14　在BSDS500和SBD测试集和验证集上运行时间的对比结果

Fig. 4.14　Comparison of running time using the BSDS500 and SBD "Test" and "Val" datasets

图 4.15 展示了各算法在 BSDS500 和 SBD 测试集和验证集上生成结果的视觉对比，方框标出了分割错误的区域，虚线标注了丢失的细节。（a）和（b）组为 BSDS500 中的示例，（c）和（d）组是 SBD 中的示例，所有示例的超像素数量均设置为 600 个。

可以看出，本章算法具有较强的边缘贴合能力，即使是在颜色对比较弱的区域，如（a）组中的耳朵和脖子、（b）组中的冲浪板和建筑、（c）组中的篮子和物体较小的地方，如（b）组中的胳膊、（d）组中的左侧建筑和路灯）。同时，本章算法在内容无意义区域生成的超像素保持了规整的形状。CW、SLIC、DBSCANSP、SSN 和内容敏感性算法（即 IMSLIC、qd-CSS、BGS、ECCPDS）生成的超像素较为规整，但它们的边缘贴合能力较弱。GMMSP 具有在准确度和规整度上较好的平衡性，但仍然会丢失一些细节。SEEDS 和 SEAL 生成的超像素即使是在颜色较单一的区域也十分的不规整。SNIC、CAS、ETPS、WSBM 显示出了较强的边缘贴合能力，但它们在噪声、纹理较强的区域生成的超像素规整程度偏低。

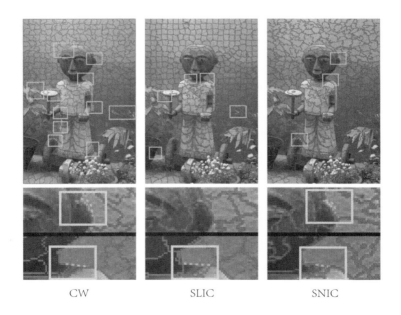

IMSLIC　　　　　　　　qd-CSS　　　　　　　　SNIC

DBSCANSP　　　　　　　　CAS　　　　　　　　GMMSP

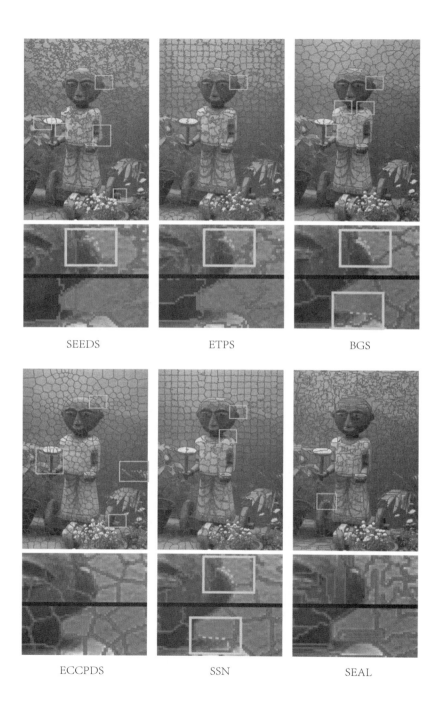

WSBM　　　　　　　SCAC

（a）

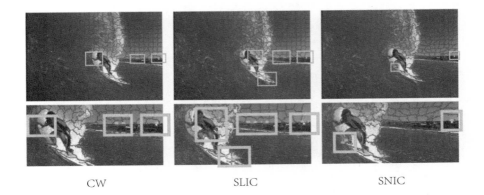

CW　　　　　　SLIC　　　　　　SNIC

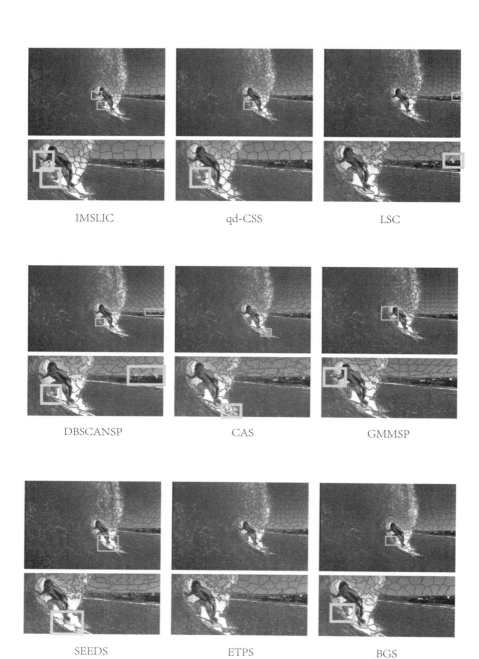

IMSLIC   qd-CSS   LSC

DBSCANSP   CAS   GMMSP

SEEDS   ETPS   BGS

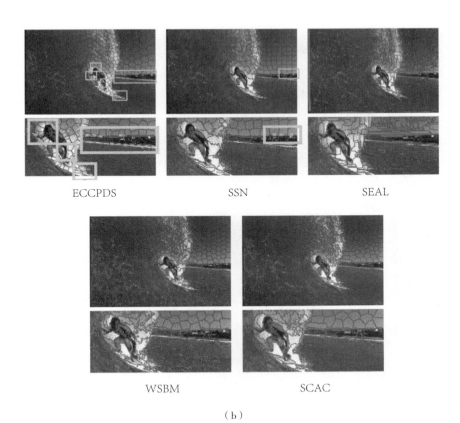

ECCPDS SSN SEAL

WSBM SCAC

（b）

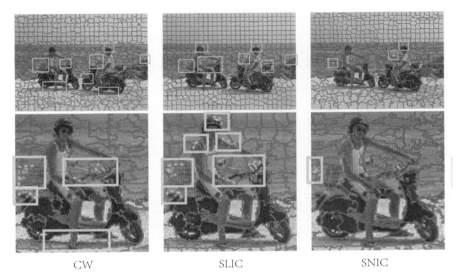

CW SLIC SNIC

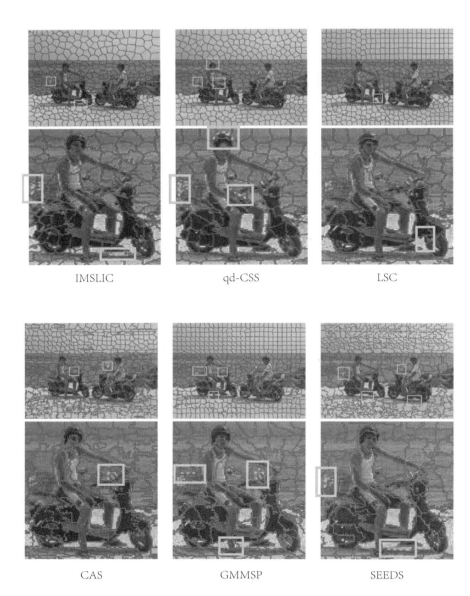

IMSLIC   qd-CSS   LSC

CAS   GMMSP   SEEDS

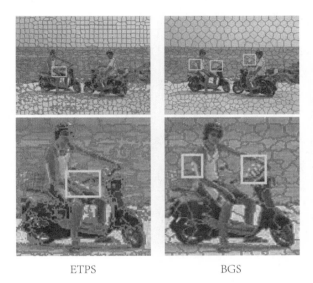

ETPS   BGS

WSBM   SCAC

（c）

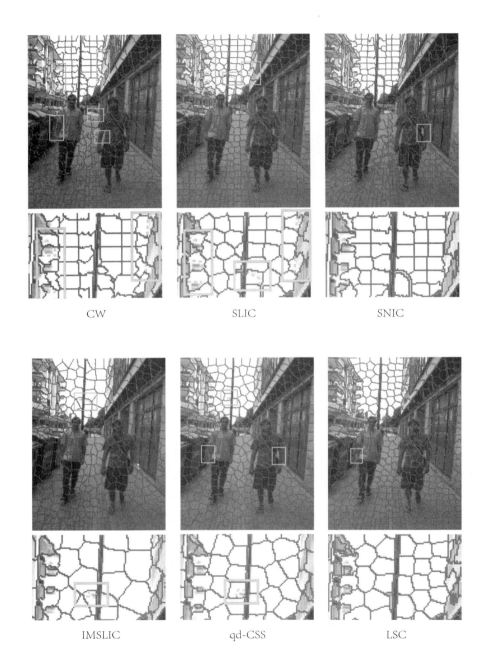

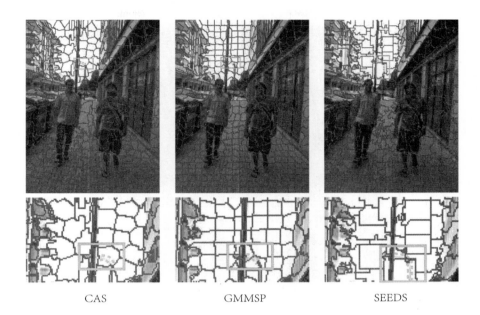

CAS　　　　　　　　GMMSP　　　　　　　SEEDS

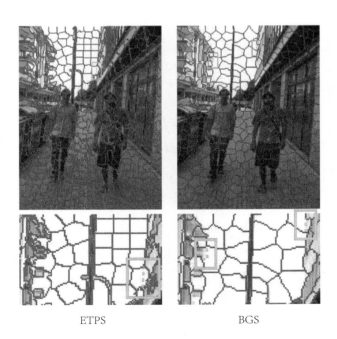

ETPS　　　　　　　　BGS

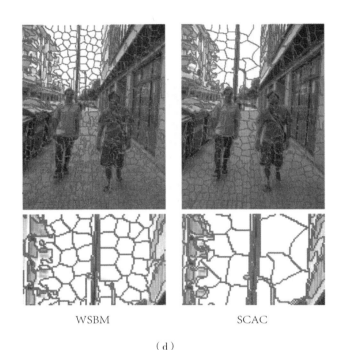

WSBM   SCAC

（d）

图4.15　在BSDS500和SBD测试集和验证集上的视觉对比（N=600）

Fig. 4.15　Visual comparison using the BSDS500 and SBD "Test" and "Val" datasets

（N=600）

由于算法能力的评估须将准确度与规整度相结合，故用图 4.16 来展示各算法在 BSDS500 和 SBD 测试集和验证集上准确度与规整度的平衡性。本章算法采用三组参数设定：SCAC（0.05）参数为 Itr=10，λ=0.05（规整度等级 =1）；SCAC（0.4）参数为 Itr=10，λ=0.4（规整度等级 =8）；SCAC（1）参数为 Itr=20，λ=1（规整度等级 =20）。平均 Acc 和 CO 分别是图 4.12 中每种算法十组数据的平均值。需要注意的是，ETPS、ECCPDS、SSN 的实际平均 Acc 和 CO 应低于图中所示，因其生成的超像素数量明显多于设置数量。

在该对比中，越处于右上方的结果越好，说明其同时具有更高的准确度和规整度。结果表明，本章算法的三组结果优于大部分其他算法，证明

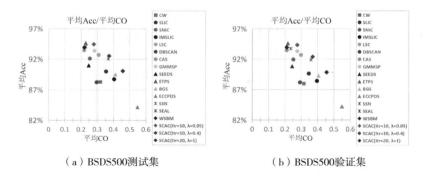

（a）BSDS500测试集　　　　　　　　（b）BSDS500验证集

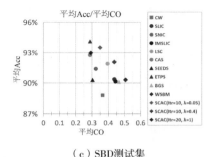

（c）SBD测试集

图4.16　在BSDS500和SBD测试集和验证集上的综合对比结果
Fig. 4.16　Combined plot on the BSDS500 and SBD "Test" and "Val" datasets

了本章算法在准确度和规整度的平衡上取得了较好的表现。

表4.4和表4.5进一步展示了本章算法与内容敏感性算法（即 IMSLIC、qd–CSS、BGS、ECCPDS）在 BSDS500 和 SBD 测试集和验证集上的对比。在此组实验中，本章算法的参数设定为 $Itr=20$，$\lambda=1$（规整度等级 =20）以获得与其他算法相似的规整度。结果显示，本章算法取得了最佳的 UE、BR、Acc、ASA、EV，以及最快的速度，其 CO 处于第二佳的位置。ECCPDS 生成的超像素数量大幅超出设置数量，且其生成的超像素形状为凸状多边形，这使其具有更高的规整度。此实验证明了本章算法于准确度、规整度、速度这三个方面皆优于表中大部分内容敏感性算法。

表4.4　当N=600时在BSDS500测试集中与内容敏感性算法的对比结果

Table 4.4 Comparison with the content-sensitive methods（N=600 using the BSDS500 "Test" dataset）

算法	UE	BR	Acc	CO	ASA	EV	n	Time
IMSLIC	7.0%	80.0%	86.5%	0.386	96.5%	85.0%	598.14	>qd-CSS
qd-CSS	6.9%	79.4%	86.2%	0.425	96.5%	85.3%	600	0.813
BGS	7.3%	82.1%	87.4%	0.389	96.3%	87.0%	599.97	7.064
ECCPDS	8.8%	68.6%	79.9%	0.549	95.6%	77.0%	707.12	>qd-CSS
SCAC	6.8%	82.6%	87.9%	0.442	96.6%	87.5%	600	0.134

表4.5　当N=600时在BSDS500验证集中与内容敏感性算法的对比结果

Table 4.5　Comparison with the content-sensitive methods（N=600 using the BSDS500 "Val" dataset）

算法	UE	BR	Acc	CO	ASA	EV	n	Time
IMSLIC	6.9%	79.1%	86.1%	0.378	96.6%	83.2%	598.34	>qd-CSS
qd-CSS	6.9%	78.2%	85.6%	0.416	96.5%	83.5%	600	0.871
BGS	7.0%	81.6%	87.3%	0.381	96.5%	85.6%	599.94	7.155
ECCPDS	8.3%	68.6%	80.2%	0.550	95.8%	75.7%	710.43	>qd-CSS
SCAC	6.6%	82.0%	87.7%	0.440	96.7%	86.1%	600	0.132

综上，与其他经典或优质的算法相比，本章算法能以实时的速度获得较高的准确度，且在同条件下具备更高的规整度。与第3章算法相比，该算法生成的超像素在准确度和规整度上均表现更佳。

4.3.3　创新点及优势

实验分析证明，本章算法的创新点及优势如下。

（1）算法完善了内容适应性分割策略，隐形地将图像分为了内容有意义区域和内容无意义区域，分别使用"以准确度优先"和"以规整度为准"

的处理标准分阶段地针对两种区域内的像素进行差异化处理，消减了超像素准确度和规整度之间的制约程度。

（2）在以准确度优先的处理阶段，算法考虑了光照带来的不良影响，通过对光照信息分量进行加权式削弱，降低了由光照带来的分割误差和规整度抑制。

（3）在以规整度为准的处理阶段，算法在梯度特征过滤的基础上，加入了基于颜色特征和纹理特征的过滤来进行区域筛选，使得在具有噪声和纹理的区域的超像素也可呈现规则的形状和平滑的边界，扩大了规整度提升的范围。

（4）与第3章算法相比，本章算法在准确度和规整度上均表现更佳。与已有算法相比，本章算法能够以实时的速度，生成具有较高准确度且在相同条件下较高规整度的超像素，更适用于一些对处理速度有较高要求，且对整体图像内容表述和高阶特征提取有需求的相关应用。

4.4 本章小结

本章介绍了一些现有的超像素生成算法，总结和分析了算法的结果质量及存在的问题，并针对问题提出了应对策略。延续并改进了内容适应性生成策略，从初始区块开始，基于对光照影响的考虑，设计了"以准确度优先"的处理标准，针对全局边界像素进行了鉴定，使用梯度、颜色、纹理特征对得到的边界进行筛选，对筛选出的局部边界像素进行"以规整度为准"的再次鉴定，得到了最终的生成结果。通过与现有算法的对比实验，证明了所提出算法的有效性和优越性。

5 具有适应性边界的内容敏感性超像素生成算法

自 SSS[34] 提出了结构敏感性超像素生成算法后，陆续有该类算法被提出[32,39-41]，并将该类算法归纳为内容敏感性超像素生成算法[43]。内容敏感性超像素可根据图像的不同内容生成不同的大小，在内容丰富的区域面积较小排布较密，在内容单一的区域面积较大排布较疏。该类超像素通过更为合理地分布有限的数量，可缓解由于数量不足而无法充分探测主要物体边缘的问题，并降低准确度与规整度之间的制约程度，这类超像素通常具有较高的规整度。因其具有如上优势，内容敏感性超像素生成算法逐渐成为超像素生成研究中的一个主要细分领域。但现有的内容敏感性超像素生成算法往往因计算量较大而速度较慢，且准确度上仍存在着较大的提升空间。

随着研究的发展，另外一类内容适应性超像素生成算法也可根据图像内容调整超像素的特性，这类算法通常可以获得较高的准确度，如 CAS[49]以及本书提出的 WSBM[129] 和 SCAC[130]。该类算法意在使超像素在有物体边缘的区域尽量贴合物体的边缘，在无物体边缘的区域能够保持规则的形状和平滑的边界，但在强噪声和强纹理的区域，算法效果仍不够明显。

本章在分析了内容适应性超像素生成算法的优缺点后，结合其中两种算法的优势，在 SCAC 的基础上，提出了一种具有适应性边界的内容敏感性超像素生成算法。该算法通过一种新的内容敏感性超像素生成策略，生成了准确度高的内容敏感性超像素，再通过改良的内容适应性局部边界调整，对超像素进行了更充分的规整度提升。该算法生成的结果既具有内容敏感性，又兼顾了准确度和规整度。下面将详细阐述相关的内容。

5.1　问题分析及应对策略

5.1.1　问题分析

随着对超像素要求的提高，内容适应性超像素生成算法因其能够更合理地排布和设计超像素而崭露头角，该类算法大致可分为两种，图 5.1 展示了一些内容适应性算法的生成结果，矩形边框标注了遗漏的物体边缘。

参考标准

BGS

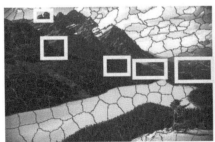

IMSLIC

qd-CSS

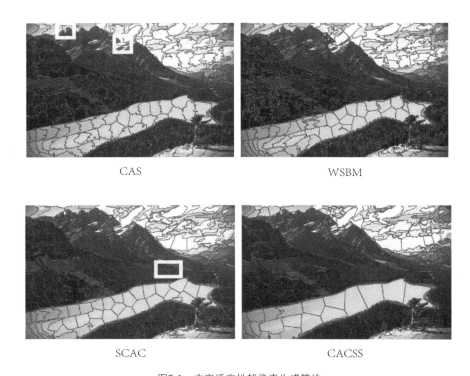

CAS   WSBM

SCAC   CACSS

图5.1　内容适应性超像素生成算法

Fig. 5.1　The content-adaptive superpixels segmentation methods

　　以 SSS[34]、BGS[36]、MSLIC[43]、IMSLIC[44]、qd-CSS[45] 为代表的内容敏感性超像素生成算法，在计算空间约束时考虑到了像素间路径的颜色差异，其生成的超像素在图像内容较复杂的区域面积较小，分布较为密集，使其能够更充分地贴合物体的边缘，反之在图像内容较单一的区域面积较大，分布较为稀疏，以便为内容丰富的区域留有更多的超像素。这些算法通过对有限的超像素进行合理的排布，一定程度上规避了由超像素数量不足带来的边缘探测不够充分等问题，其生成的超像素具有极高的规整度。

　　除此以外，CASSIT[131]（Content-adaptive Superpixel Segmentation via Image Transformation）提出了一个新的内容敏感性超像素生成框架。它结合 Canny 边缘检测算法 [132] 与结构 – 纹理分离算法 [133] 生成一幅边缘显著性图

（significance map）来指引图像的转换[134]，将边缘和内容丰富的区域转换至占据更大的面积，相应地，边缘稀少、内容单一的区域被转换至占据较小的面积，接着，该框架在转换后的图像上采用常规的超像素生成算法（如SLIC、ETPS 等）生成超像素，再将生成的结果随着图像转换回原始状态，从而在原始图像上，得到呈内容敏感性的超像素。

另一种算法则是根据图像内容对像素进行差异化处理，CAS[49] 以及本书前两章所提出的 WSBM[129] 和 SCAC[130] 均属于此种算法，其生成的超像素可于不同程度上展现出不同的侧重属性，它们通常具有较高的准确度。

但从图 5.1 中可以看到，这类内容适应性算法仍然存在着一些不足。

（1）BGS、IMSLIC、qd–CSS 生成的超像素具有内容敏感性，且普遍较为规整，但其准确度稍显不足，于对比度较弱的山的边缘处常有遗漏，且其在树林等具有噪声和纹理的区域仍具有毛糙的边界。

（2）CAS 贴合边缘的能力较强，但其生成的超像素普遍边界毛糙。

（3）WSBM 的准确度较高，生成的超像素于颜色均匀的河流处较为规整，但在有噪声和纹理的区域则极度杂乱。

（4）SCAC 在具有较高准确度的同时，能够在大部分无物体边缘的区域生成十分规整的超像素，但于个别强噪声、强纹理处，仍存在着扭曲毛糙的边界。

结合对速度的考量，对上述不足加以分析，可总结出以下三个问题。

（1）在 CAS、WSBM、SCAC 中，SCAC 的表现最佳，但其准确度上仍有进步的空间

SCAC 缺乏对超像素的合理排布，不具有内容敏感性超像素的优点，当超像素数量较少时，SCAC 无法充分探测物体边缘。

（2）SCAC 的规整度提升仍然受限

在 SCAC 的区域筛选过程中，弱边缘和强噪声、强纹理间存在着一定

的制约性（详见 4.3.2 节）。这导致为了尽可能保留弱边缘，使得无物体边缘的区域筛选不够充分。

（3）大部分内容敏感性超像素生成算法的准确度较低，速度较慢

造成其准确度较低的主要原因有两点：①在这些算法生成超像素时，始终有较强的空间约束使其无法充分探测物体边缘；②这些算法使用固定的标准处理全局像素，使准确度与规整度的互斥性过强。

造成其速度较慢的主要原因是相应算法的计算复杂度高和计算量大。SSS 和 BGS 使用像素和超像素中心点之间路径的测地距离和双边测地距离作为空间约束，该距离使计算复杂；MSLIC、IMSLIC 和 qd-CSS 将二维空间内的像素映射到高维空间（对于一般彩色图像而言是五维空间）内进行聚类，除 qd-CSS 针对速度设计了一种能够快速计算的距离外，MSLIC 和 IMSLIC 使用的是高维空间内路径的最短距离，计算复杂且计算量大。因此，除 qd-CSS 外，其他的内容敏感性算法效率均不高。

5.1.2　应对策略

针对上述问题，本章结合 SCAC 与内容敏感性算法的优点，提出了一个具有适应性边界的内容敏感性超像素生成算法（Content-sensitive Superpixels with Adaptive Boundaries，CACSS）。该算法首先设计了一种新的内容敏感性超像素生成策略，以内容适应性原则先以准确度为优先生成了全局的内容敏感性超像素，接着以改良后的筛选标准进行以规整度为准的局部边界优化，更大范围地修正了特定超像素的形态，结果示例如图 5.1 所示。该算法主要做出了如图 5.2 所示的针对性改进。

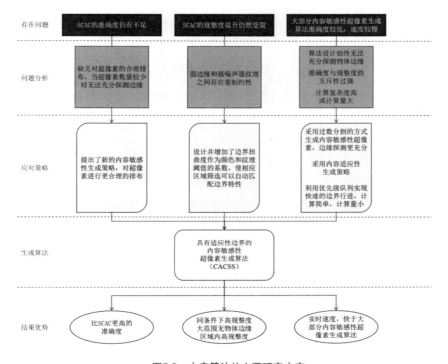

图5.2　本章算法的主要研究内容

Fig. 5.2　The research content of SCAC

1. 针对 SCAC 准确度仍有不足的问题

本章算法提出了一种新的内容敏感性超像素生成策略，通过对超像素的更合理排布，结合内容适应性处理标准，提升了 SCAC 的准确度，尤其在超像素数量较少的情况下，有效缓解了由数量不足带来的边缘探测不充分的问题。

2. 针对 SCAC 规整度提升仍然受限的问题

本章算法发现，受强噪声、强纹理影响的超像素边界通常比贴合物体边缘的边界更扭曲毛糙，因此本章算法改良了无物体边缘区域的筛选，在使用了另外一种纹理特征之外，为基于颜色和纹理特征的过滤设计了边界扭曲度作为相应阈值的系数，使区域筛选标准能够自动匹配边界的特性。

3. 针对大部分内容敏感性超像素生成算法准确度不高且速度较慢的问题

本章算法先以能够充分探测物体边缘为目的，结合内容适应性生成策略，使用极小空间约束下的过数分割（即生成倍数于设置数量的超像素）得到全局性的小面积超像素，在此基础上进行高相似度边界的融合，直到数量达到设置数量为止。过数分割可以突破原数量下的边缘探测极限，更充分地贴合物体边缘；结合内容适应性生成策略可极大降低空间约束对准确度的抑制；高相似度边界的融合，使超像素在颜色差异较小的区域融合为大面积的超像素，而在疑似物体边缘的区域仍保持较小较密集的分布。通过这种方式生成的超像素不仅具有内容敏感性超像素的优点，还比其他始终无法充分探测边缘的方法拥有更高的准确度。

另外，此阶段生成超像素的过程采用与 SCAC 相同的快速边界行进法，在空间约束上采用形状上的特征距离，计算简单且计算量小，因此该算法的速度较快。

5.2　具有适应性边界的内容敏感性超像素生成算法设计

本节将详细介绍本章算法的设计与实现。

5.2.1　算法基本框架

图 5.3 展示了本章算法的基本框架。算法从倍数于设定数量的初始区块［图 5.3 中（a）］开始，对全局的超像素边界以准确度为优先进行重新

鉴定，生成数量众多面积较小的超像素［图5.3中（b）］。接着，通过生成的边界及超像素的颜色差异对所有相邻的两个超像素进行相似度排序，颜色差异越小的超像素相似度越高，从相似度最高的两个超像素开始依次进行融合，直至超像素的数量减少到设定数量为止［图5.3中（c）］，再重新进行一遍全局的超像素边界行进，以减少超像素融合带来的误差［图5.3中（d）］，这时生成的超像素既具有内容敏感性，也具有极强的边缘贴合能力。然后，分别通过梯度、颜色、纹理过滤器的处理，筛选出处于无物体边缘区域的超像素边界［图5.3中（d）］，将这些边界以规整度为准再次进行重新鉴定，得到最终的生成结果［图5.3中（e）］。

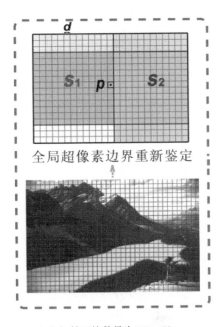

（a）初始区块数量为2N/1.5N

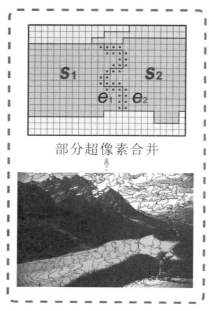

部分超像素合并

（b）全局边界行进的结果

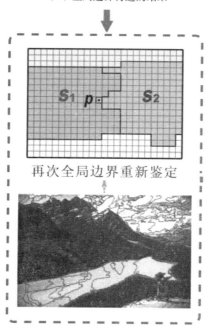

再次全局边界重新鉴定

（c）超像素合并后的结果

（d）再次全局边界行进后的结果

（e）最终结果

图5.3　算法基本框架

Fig. 5.3　The flowchart of the proposed method

接下来详细阐述算法的处理过程。

5.2.2　内容敏感性超像素的生成

本章算法首先采用过数分割和对生成的边界进行筛选和融合的方式来生成内容敏感性超像素。

在探测物体边缘时，一些算法采用了初始非等价数量的分割方式（即不以设置数量生成最初的超像素）。SEEDS 和 ETPS 从少量超像素开始，通过从数量上由少到多、从分割上从粗到精地不断分裂和修正超像素，来提升超像素的准确度。SSS 等算法则先生成略少于设定数量的超像素再对其中部分超像素进行分裂以改进生成结果。这两种做法都是为了尽可能地利用有限数量的超像素边界，使其尽量充分地探索到物体边缘，但这些算法依然存在着较大的局限性：（1）这几种算法在分裂和修正超像素的过程中仍然存在颜色和空间特征的互相制约，导致受空间约束等影响，探测物体边缘的能力大幅减弱；（2）当超像素的设定数量较少时，一些主要的物体边缘会因所处区域缺少足够的超像素而不能被探测充分，分裂修正的方式可能依然无法调度足够的数量，在超像素的数量始终不多于设置数量的情况下，其边缘探测能力很难超出该数量下的探索极限。

本章算法如图 5.3 中（a）所示，从初始区块直接以极小的空间约束生成倍数于设定数量的超像素［图 5.3 中（b）］，再在得到的已知超像素边界中选取相邻超像素相似度最高的部分进行融合，直到超像素的数量减少到设定数量为止［图 5.3 中（c）］，再通过一轮全局边界像素修正减少融合的误差［图 5.3 中（d）］。这样做的好处为：（1）比起以始终少于设置数量的超像素探索物体边缘的方式，过数分割更能突破原设置数量下的边缘探测极限；（2）在此阶段设置极小的空间约束，能够减少干扰，更充分地贴合物体边缘；（3）经由颜色上的相似度排序并按序融合后，可在边缘较稀少、颜色较统一的区域融合为面积较大的超像素，相反则仍为面较较小的超像素，因此生成的超像素具有内容敏感性，也具备其相应的优势。下面为该阶段的处理过程。

对于图像 I（高为 h，宽为 w），在选取过数分割的数量时，过多的分割反而会增加融合的误差，因此，当设定数量 $N \leq 500$ 时，将过数分割的

数量设置为 $N'=2N$，当 $N > 500$ 时，$N'=1.5N$。如图 5.3 中（a）所示，算法由间隔 $d=\sqrt{\dfrac{h \cdot w}{N'}}$ 生成初始区块，再对全局的边界像素进行以准确度为优先的重新鉴定和标记，鉴定标准如下：

$$L_1(p) = \begin{cases} L(s_1)，\text{if} D_{col}(s_1, p) + \lambda \cdot D_{sha}(s_1, p) \leq D_{col}(s_2, p) + \lambda \cdot D_{sha}(s_2, p) \\ L(s_2)，\text{if} D_{col}(s_1, p) + \lambda \cdot D_{sha}(s_1, p) > D_{col}(s_2, p) + \lambda \cdot D_{sha}(s_2, p) \end{cases}$$

$$（5.1）$$

$$D_{col}(s, p) = \sqrt{\alpha(l_s - l_p)^2 + \beta(a_s - a_p)^2 + \gamma(b_s - b_p)^2} \qquad （5.2）$$

$$\alpha = 0.1，\beta = \gamma = 1.45 \qquad （5.3）$$

$$D_{sha}(s, p) = \sqrt{(x_s - x_p)^2 + (y_s - y_p)^2} - \sqrt{\dfrac{n_s}{\pi}} \qquad （5.4）$$

其中，s_1 和 s_2 为两个相邻的超像素，像素 p 为 s_1 和 s_2 间的边界像素（$p \in s_1$），$L_1(p)$ 为像素 p 的新标记，$L(s_1)$ 和 $L(s_2)$ 分别为 s_1 和 s_2 的标记，λ 为规整度参数。D_{col} 是与 SCAC 相同的带权重的颜色特征距离函数，权重系数与 SCAC 相同。l、a、b 是 Lab 色彩空间上的三个分量，超像素 s 的颜色分量为其包含的所有像素的平均颜色分量。不同于 SCAC 采用像素 p 到中心点的欧几里得距离作为空间约束，本章算法采用形状上的约束 D_{sha}，这是因为本章算法更倾向于保持超像素的规整形状，而不是使超像素具有相似的大小。x 和 y 分别是空间位置上的横向和纵向坐标，对于超像素 s 而言，其空间坐标为超像素中心的坐标。n_s 为超像素 s 的像素个数。当计算 $D_{col}(s_1, p)$ 和 $D_{sha}(s_1, p)$ 时，像素 p 不包含在 s_1 内。另外，为了防止超像素过小，当超像素中像素个数为 $minsize = \max\left(\sqrt{\dfrac{h \cdot w}{20 \cdot N}}, 10\right)$ 时，不再减少其像素数量。

与 SCAC 相同，本章算法同样利用一组先进先出的优先级队列来完成对边界像素的重新标记，可变化范围 $MQ_1 = \max\left(\dfrac{d}{2}, 10\right)$。这个重新鉴定的过程同样是迭代的，迭代次数为人为设置的参数 Itr。

　　同样地，为避免生成孤立的超像素，当推出的边界像素处于如图 5.4 所示的环境（不考虑方向）时，该像素的标记不可改变。图 5.4 中，每个区块代表一个像素。中央 1 号方格为待鉴定边界像素，其他 1 号方格为与边界像素具有相同标记的像素，3 号方格为与边界像素具有不同标记的像素，4 号方格的标记不受限制。当处于左侧情况时，如果至少一个 5 号像素拥有与边界像素不同的标记，以及当处于右侧情况时，中心边界像素的标记不可更改。

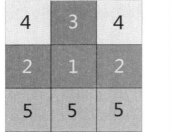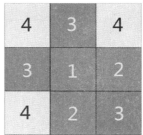

图5.4　禁止更改标记示意图

Fig. 5.4　Illustrations of the changing forbidden cases

　　接着，算法对得到的相邻超像素进行相似度排序，并从相似度高的超像素开始融合。如图 5.3 中（b）示例，s_1 和 s_2 为两个相邻的超像素，它们共享两条边，e_1（标有红点的像素）属于 s_1，e_2（标有蓝点的像素）属于 s_2。s_1 和 s_2 的距离函数为：

$$D_{sim}(s_1, s_2) = \max(Ds(e_1), D_s(e_2)) \tag{5.5}$$

$$D_s(e_1) = \begin{cases} g_{e_1}, & \text{if } g_{e_1} \leqslant \theta_g \\ \theta_g + 1 + D_{col}(e_1, s_2) + D_{col}(s_1, s_2), & \text{otherwise} \end{cases} \tag{5.6}$$

$D_{sim}(s_1, s_2)$ 的值越小，代表 s_1 和 s_2 的相似度越大。其中，g_{e_1} 为边界 e_1 的平均梯度值，θ_g 为梯度阈值，它保证了处于无物体边缘的颜色单一或渐变区域中的边界首先被融合。接下来再考虑两个超像素之间的颜色差异，对于 e_1 而言，其颜色分量为其所含像素的颜色分量平均值，通过同时考虑边界（即 e_1 和 s_2）及超像素间（即 s_1 和 s_2）的颜色差异，力求确保边界不处于物体边缘，且两个超像素表征同一物体。

对所有相似度的排序同样通过优先级队列来快速完成。从相似度最高的一对相邻超像素开始融合，如果合并后的超像素所含像素个数超过了 $maxsize=3 \cdot \sqrt{\dfrac{h \cdot w}{N}}$，则取消融合，移至下一顺位，直到超像素的数量达到设定数量为止，记录最后一对进行融合的超像素的相似距离为 θ_s。

此时生成的超像素结果，可能会因融合产生孤立的超像素，如图 5.5 所示。算法再次计算该孤立超像素与其相邻超像素的相似度，若相似度未超出 θ_s，则如图 5.5 中（a）组将该孤立超像素融入相邻超像素中；若相似度大于 θ_s，则如图 5.5 中（b）组在孤立超像素融入相邻超像素中后，将相邻超像素进行纵向分裂。此时生成的结果如图 5.3 中（c）所示。

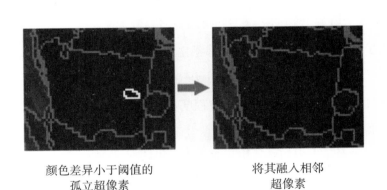

颜色差异小于阈值的　　　　　将其融入相邻
孤立超像素　　　　　　　　　超像素

（a）

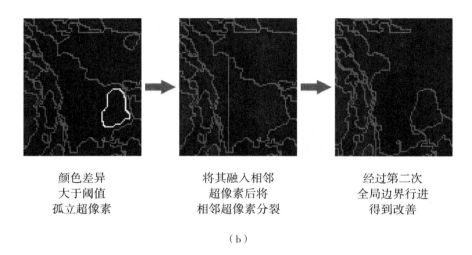

颜色差异　　　　将其融入相邻　　　　经过第二次
大于阈值　　　　超像素后将　　　　全局边界行进
孤立超像素　　　相邻超像素分裂　　　得到改善

（b）

图5.5　孤立超像素的处理示例

Fig. 5.5　Examples of the processing for the isolated superpixels

最后，再次对全局的边界像素以公式（5.1）为标准进行重新鉴定和标记，以减少融合带来的误差，得到最终的超像素，如图 5.3 中（d）所示，此时的超像素在贴合物体边缘的同时具备内容敏感性。

算法 5.1 给出了内容敏感性超像素生成的算法过程。

算法5.1　内容敏感性超像素生成算法

输入：图像 I，超像素数量 N，规整程度参数 λ，迭代次数 Itr

输出：像素标记 $\{L(p)\}_p$

1:　　基于数量 N' 生成初始区块，建立优先级队列 $Q[NQ]$；

2:　　根据公式（5.1）进行迭代次数为 Itr 的全局边界像素重新鉴定；

3:　　计算每对相邻超像素的 $D_{sim}(S_1, S_2)$，将相应超像素推入 $Q[D_{sim}(S_1, S_2)]$ 中；

4:　　while 超像素数量 $>N$ do

5:　　推出首个非空队列 $Q[j]$ 的首对超像素；

6:　　if 该对超像素所含像素数量和 $\leqslant maxsize$ then

7:　合并该对超像素；

8:　end if

9:　end while

10:　记录最后一次合并时的θ_s，并推出Q中剩余元素；

11:　检测孤立超像素S_O与其相邻超像素S_W的D_{sim}（S_O，S_W），合并S_O与S_W；

12:　ifD_{sim}（S_O，S_W）$> \theta_s$ do

13:　分裂S_W；

14:　end if

15:　根据公式（5.1）进行迭代次数为Itr的全局边界像素重新鉴定；

5.2.3　适应图像内容的边界修正

上一阶段生成的内容敏感性超像素虽具有较高的准确度，但其规整度较低。这一阶段的目标与 SCAC 的第二阶段相同，均为提升处于图像中无物体边缘区域的超像素的规整度。该阶段依然分为两个步骤：区域筛选和以规整度为优先的边界像素重新鉴定。

在区域筛选步骤，本章算法同样从梯度、颜色、纹理三个角度对所有超像素边界进行筛选。不同的是，本章算法采用了新的纹理过滤器，以及为多个阈值增加了边界扭曲度的权重。见图 5.6。

算法通过图 5.6 中（a）的数值分配来计算边界的扭曲度。对处在边界e的每个像素p，算法将其周围八邻域的相邻像素按照图中的数值进行分配，边界e的扭曲度Z（e）可表示为：

$$Z（e）= \frac{\sum_{i=1}^{n_e} z（p_i）}{n_e} \tag{5.7}$$

$$z（p）= \begin{cases} 0, & \text{if } |p_1 - p_2| = 4 \text{ or } |p_1 - p_2| = 3 \text{ or } |p_1 - p_2| = 5 \\ 8, & \text{otherwise} \end{cases} \tag{5.8}$$

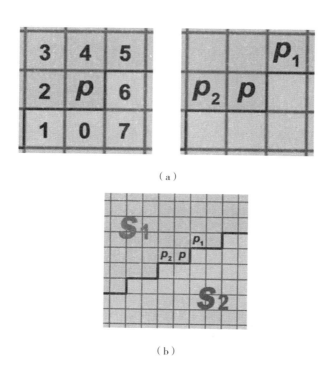

（a）

（b）

图5.6 边界扭曲度说明

Fig. 5.6 Illustrations of the edge twist degree

其中，n_e 为边界 e 中所含像素的个数，$z(p)$ 为边界像素 p 的扭曲程度，$Z(e)$ 则为其所包含的像素的扭曲程度的平均值。如图 5.6 中（a）所示，p_1 和 p_2 为与 p 相邻的两个处于同一边界上的像素，根据其赋值，当 $|p_1-p_2|=4$ 时，代表该处边界为直线，扭曲程度设为0；当 $|p_1-p_2|=3$ 或 $|p_1-p_2|=5$ 时，代表该处边界有少许弯曲，如图5.6中（a）示例，由于图像在以像素为单位展示内容时，因插值等原因会不可避免地产生像素颗粒感，如图5.6中（b）示例，这种弯曲可能属于直线的一部分，即使其实际上是曲线，也处于正常弯曲范围内，很大程度上符合物体边缘的弯曲程度，因此此时像素p的扭曲程度也同样设为0；当 $|p_1-p_2|=2$ 或 $|p_1-p_2|=6$ 时，代表此处产生了直角转折，扭曲程度设为8；当 $|p_1-p_2|=1$ 或 $|p_1-p_2|=7$

时，则代表此处产生了较为尖锐的转折，扭曲程度同样设为8。如果该边界处于物体的边缘，大概率它的直角转折与尖锐转折不会过多，平均下来的扭曲度不会过高，而当该边界受强噪声及强纹理的影响而变得极度扭曲毛糙时（如图5.3中的树林区域），该边界中的强转折点数量较多，因此其扭曲度也会较高。

改进后的梯度、颜色和纹理过滤器分别为：

1. 梯度过滤器

本章算法采用与 SCAC 及 WSBM 相同的梯度过滤器，由于物体的边缘从视觉上必然带有一定的梯度，因此将平均梯度极低的超像素边界视为非物体边缘，此时不必考虑边界扭曲度的影响，梯度过滤器 F_g 定义如下：

$$F_g(e_1) = \begin{cases} 1, & \text{if } g_{e_1} \leq \theta_g \\ 0, & \text{otherwise} \end{cases} \tag{5.9}$$

当 $F_g(e_1) = 1$ 时，e_1 被认为是非物体边缘的边界。其中，θ_g 是与超像素融合时相同的固定梯度阈值。

2. 颜色过滤器

观察到在具有强噪声和强纹理的区域的超像素边界通常呈现出扭曲毛糙的形态，如图 5.3 中树林处，此时的边界因噪声和纹理的影响具有较高的梯度值，两个超像素之间的颜色差异也较大，当通过颜色差异来筛选非物体边缘的边界时，若阈值设定过大，则一些弱边缘也被筛选出来，若阈值设定过小，则噪声和纹理的区域筛选不够充分，因此，本章算法在颜色过滤器的阈值设定上加入了边界扭曲度相关的权重系数，使筛选阈值可以根据边界的情况自动调整，该颜色过滤器 F_c 定义如下：

$$F_c(e_1) = \begin{cases} 1, & \text{if } D_{col}(e_1, s_2) + D_{col}(s_1, s_2) \leq \xi \cdot \theta_c \text{ and } g_{e_1} \leq \xi \cdot \theta_{g'} \\ 0, & \text{otherwise} \end{cases} \tag{5.10}$$

$$\theta_c = \sqrt{\frac{w \cdot h}{\frac{\kappa_c}{\lambda} \cdot n_I}} \qquad (5.11)$$

$$\theta_{g'} = \kappa_g \cdot \theta_g \qquad (5.12)$$

当 $F_c(e_1) = 1$ 时，e_1 被认为为非物体边缘边界。其中，θ_c 是一个与平均超像素面积及规整度参数 λ 相关的颜色阈值，n_I 为此时图像 I 中实际的超像素个数。当超像素的平均面积越小时，其之间的平均颜色差异也越小，θ_c 需要变小，因此设计了 θ_c 与 n_I 的负相关关系。而当算法的规整度参数 λ 越大时，其生成的超像素越不准确，超像素之间的颜色差异也越大，相应地，需适度放宽筛选阈值以保证更充分地筛选出无物体边缘的区域。另外，本章算法意在当 λ 较小时更多地确保超像素的准确度，在 λ 较大时更倾向于提升超像素的规整度，因此设计了 θ_c 和 λ 的正相关关系。同时，为防止 θ_c 过大或过小，统一将其限制在 $[6，15]$ 区间内。$\theta_{g'}$ 为此处的梯度阈值，考虑到噪声和纹理的影响，它需比 θ_g 提供更大的范围。κ_c 与 κ_g 分别为颜色过滤器中颜色与梯度的常量参数，在本章算法中，均设置为2。ξ 为增加的与边界扭曲度相关的权重系数，设定如下：

$$\xi = \begin{cases} 1 + Z(e)，& \text{if } n_e > n_s \\ 1，& \text{otherwise} \end{cases} \qquad (5.13)$$

假设超像素 s 呈现为一个面积为 n_s 的正方形，当它的一条边界的像素个数 n_e 不超过它的边长时，ξ 被限制为1，这是为了防止当该边界过短时，因贴合物体边缘而产生的正常弯曲带来过大的权重。当边界整体呈现极度扭曲毛糙的形态时，它所包含的像素数量往往较多，因此不受此限制。

应用边界扭曲度作为权重系数的优势主要体现在：（1）阈值能够根据边界特性自动调整，使得在强噪声和强纹理区域内的边界被筛选得更为充分；（2）有效分解了强噪声和强纹理边界与弱边缘的互相制约；（3）越是扭曲毛糙的边界越需要提升规整度，即使一些无物体边缘的区域因其中边界不够扭曲或边界长度不足而未被筛选出来，但因其边界本身就比较平滑或长度较短，其对规整度带来的负面影响较小，即使未被筛选，也无伤大雅。另外，即使加入了边界扭曲度作为权重系数，也不能保证完全消除强噪声和强纹理边界与弱边缘的互相制约，目前已有的算法均无法做到贴合所有物体边缘的同时使非物体边缘的边界完全规整。在本章算法的设计中，当规整度参数 λ 较小时更注重超像素的准确度，在 λ 较大时更倾向于提升超像素的规整度，因此在图 5.3 本章算法的示意图（$\lambda=0.05$）中，仍有少部分强噪声和强纹理的边界未被筛选出来，该种情况在其他图像中可能代表的是物体边缘。

3. 纹理过滤器

本章算法采用了基于区间梯度（interval gradient）的结构 – 纹理分离算法（Structure–Texture Decomposition of Images with Interval Gradient[133]，STDIG）中的纹理检测作为纹理过滤器，其纹理检测定义如下：

$$t(p) = \begin{cases} 1, & \text{if } |\nabla_\Omega(p_x)| < |\nabla(p_x)| \text{ and } |\nabla_\Omega(p_y)| < |\nabla(p_y)| \\ 0, & \text{otherwise} \end{cases} \quad (5.14)$$

在一个以像素 p 为中心的局部区域 Ω 内，$|\nabla_\Omega(p_x)|$ 和 $|\nabla_\Omega(p_y)|$ 分别为 p 的横向和纵向的区间梯度，$|\nabla(p_x)|$ 和 $|\nabla(p_y)|$ 分别为 p 的横向和纵向的直接梯度，定义分别如下：

$$|\nabla(p)| = \sum_c |\nabla c_p| = \sum_c (c_{p+1} - c_p) \quad (5.15)$$

$$|\nabla_\Omega(p)| = \sum_c |\nabla_\Omega c_p| = \sum_c (g_\sigma^r(c_p) - g_\sigma^l(c_p)) \quad (5.16)$$

其中，c 为 RGB 色彩空间的三个分量，g_σ^r 和 g_σ^l 分别代表左侧和右侧部分的一维高斯滤波函数，定义如下：

$$g_\sigma^r(c_p) = \frac{1}{k_r} \sum_{p' \in \Omega} w\sigma(p' - p - 1) c_{p'} \quad (5.17)$$

$$g_\sigma^l (c_p) = \frac{1}{k_l} \sum_{p' \in \Omega} w\sigma (p-p') c_{p'} \tag{5.18}$$

$$w_\sigma (i) = \begin{cases} \exp\left(-\dfrac{i^2}{2\sigma^2}\right), & \text{if } i \geqslant 0 \\ 0, & \text{otherwise} \end{cases} \tag{5.19}$$

$$k_r = \sum_{p' \in \Omega} w_\sigma (p'-p-1), \quad k_l = \sum_{p' \in \Omega} w_\sigma (p-p') \tag{5.20}$$

w_σ 为一个指数型权重，σ 为缩放参数，设定为 $\sigma=3$，k_r 和 k_l 为归一化系数。

STDIG 认为，当区间梯度小于直接梯度时，该像素 p 代表噪声或纹理，反之为物体边缘或平滑变化的区域。

因此，本章算法的纹理过滤器定义如下：

$$Ft (e_1) = \begin{cases} 1, & \text{if } \sum_{p \in e_1} g_t (p) \geqslant \kappa_t \cdot n_{e_1} \text{ and } \xi \geqslant \theta_\xi \\ 0, & \text{otherwise} \end{cases} \tag{5.21}$$

$$g_t (p) = \begin{cases} 1, & \text{if } t (p) = 1 \text{ or } g (p) \leqslant \theta_g \\ 0, & \text{otherwise} \end{cases} \tag{5.22}$$

其中，κ_t 为常量参数，在本章算法中设置为 0.5，当像素 p 具有纹理性质或其处于颜色单一或渐变的区域，即 $g (p) \leqslant \theta_g$ 时，该像素记为可移动像素，即 $g_t (p) = 1$，θ_ξ 为一个边界扭曲度的阈值参数，以此过滤掉虽有纹理特性但为物体边缘的边界，仅筛选出因强噪声、强纹理而边界扭曲较长的区域，在此区域内，当边界中可移动像素数量占比较大时，该边界被认定为可移动边，即当 $F_t (e_1) = 1$ 时，e_1 被认为是非物体边缘的边界。

经由三种过滤器筛选后的结果如图 5.3 中（d）所示，浅色边界分别代表通过梯度、颜色、纹理过滤器筛选出的可移动边界，深色边界则为保留下来的部分。当梯度、颜色、纹理的任一过滤器得到的值为 1 时，该超像素边界被筛选为备选的可移动边界，当两个相邻超像素间的两条边界均为备选边界时，这两条边界才被列入可移动范围，进而与 SCAC 相同，根据规整度为优先的原则对其中的像素进行重新鉴定和标记，鉴定标准为：

$$F(e_1) = \begin{cases} 1, & \text{if } F_g(e_1)=1 \text{ or } F_c(e_1)=1 \text{ or } F_t(e_1)=1 \\ 0, & \text{otherwise} \end{cases} \tag{5.23}$$

$$L_2(p) = \begin{cases} L(s_2), & \text{if } F(e_1)=1 \text{ and } F(e_2)=1 \text{ and } D_{pos}(s_1, p) > D_{pos}(s_2, p) \\ L(s_1), & \text{otherwise} \end{cases} \tag{5.24}$$

$$D_{pos}(s, p) = \sqrt{(x_s-x_p)^2 + (y_s-y_p)^2} \tag{5.25}$$

其中，$L_2(p)$ 是像素 p 的新标记（$p \in s_1$）。在这个阶段，重新标记的标准仅与空间位置特征相关，为使筛选区域内的超像素排列整齐，此处的空间约束采用边界像素与超像素中心位置的欧几里得距离来计算，这些重新标记后的超像素具有极高的规整度。

这个重新标记的过程同样通过优先级队列来快速实现，不同的是，在本章算法中，超像素具有内容敏感性，因此部分超像素具有较大的面积，所以此时的可移动范围设置为 $MQ_2 = \max(d, 50)$。

算法 5.2 给出了适应图像内容的边界修正算法过程。

算法5.2　适应图像内容的边界修正算法

输入：图像 I，像素标记 $\{L(p)\}_p$

输出：最终的像素标记 $\{L(p)\}_p$

1:　　计算超像素各边界的扭曲度 $Z(e)$；

2:　　计算超像素各边界在各过滤器下的筛选结果 $F_g(e)$、$F_c(e)$、$F_t(e)$；

3:　　筛选出相邻超像素间两条边界均符合 $F(e)=1$ 的边界像素；

4:　　根据公式（5.24）对筛选出的边界像素进行重新鉴定；

最终结果如图 5.3 中（e）所示，生成的超像素具有内容敏感性，在有物体边缘的区域能够贴合物体边缘，在大部分无物体边缘的区域能够保持规整的形状和平滑的边界。

5.3 实验及分析

本节首先就本章算法中的参数设定进行讨论，接着，以最优参数设定，将算法与目前的经典或优质算法进行比较并作分析，对比算法为 CW、SLIC、LSC、SNIC、BGS、CAS、IMSLIC、qd–CSS、GMMSP、SEEDS、ETPS、WSBM、SCAC。由于本章算法通过过数分割来生成内容敏感性超像素，其更适用于超像素设定数量较少的情况，当设定数量较多时，内容敏感性超像素就变得不必要，且过数分割带来的额外计算量也较大，因此，本节实验中，只比较超像素数量在 100 至 1000 之间的结果。另外，在 qd–CSS 算法中，该算法作者推荐生成超像素在 200 至 700 间，由于其他数量的评价结果变化趋势与推荐数量内的相同，因此在本节实验中，也以 100 至 1000 的数量设置来进行对比。

本节实验与上两章实验所使用的数据集相同，均为 BSDS500[123] 和 SBD[124]，详见 3.3.1 节。

实验所用评价指标为边界召回率（BR）、欠分割率（UE）、分割准确度（ASA）、诠释差异度（EV）、规整度（CO）、运行时间（Time），详见 2.3 节。与上两章相同，本节增加了一个评估综合准确度的指标 Acc=（1–UE+BR）·0.5。

本节实验环境是 Windows 10 操作系统，Intel Core（TM）i5–8400 CPU（2.80 GHz），8G 内存。对于本章算法以及 CW、SLIC、LSC、SNIC、BGS、CAS、GMMSP、SEEDS、WSBM、SCAC，图像读取和写入的编译环境为 Matlab R2015b，算法部分通过 C/C++ 混合编程（MEX）实现。qd–

CSS 与 ETPS 的编译环境分别为 Visual Studio 2019 和 2013，均为通过 C++ 实现。IMSLIC 使用由相应算法作者提供的封装程序来完成，无法统计具体运行时间，故在运行时间上不做对比，仅以原文献中的速度关系进行分析。

5.3.1 参数设定及质量分析

除去本章算法中已设置的常量参数 κ_c=2，κ_g=2，κ_l=0.5 外，本章算法中需设置的阈值参数有 2 个，根据自然彩色图像的普遍特性，从结果的最优化角度考虑，将阈值参数设置为 θ_g=6，θ_ξ=2。算法剩余参数为迭代次数 Itr 和规整度参数 λ。

在生成内容敏感性超像素的阶段，由于初始生成结果会直接影响到融合的准确性，因此，在第一次全局边界像素重新鉴定时，就应尽可能地生成高准确度的超像素。图 5.7 展示了当 λ 较小时（λ=0.05）不同迭代次数下本章算法在第一次全局边界重新鉴定时的结果数据对应图 5.3 中（b），数据集为 BSDS500 和 SBD 训练集，超像素数量设置为 N=300。结果显示，随着迭代次数的增加，CO 逐渐减小，UE 和 BR 逐渐优化，但优化的程度越来越小。同时，迭代次数的增多自然导致运行时间的增长。通过对 UE 和 BR 的衡量，在余下的实验和实际的应用中，算法采用并推荐使用 Itr=10，并使用参数 λ 来控制超像素的规整程度。

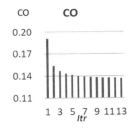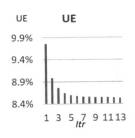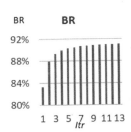

（a）BSDS500训练集

（b）SBD训练集

图5.7　不同迭代次数下本章算法在BSDS500和SBD训练集上第一次全局边界行进后的结果

Fig. 5.7　Results from applying the first global boundary marching of CACSS with different iterations using the BSDS500 and SBD "Train" datasets

表5.1和表5.2分别展示了在BSDS500和SBD训练集中当超像素个数设置为N=300时算法每个阶段的结果数据，以及它们和部分内容适应性算法的对比。CACSS_S0为本章算法不使用过数分割策略而进行全局边界行进后的结果，即N'=N，为了与正常的本章算法对比，将其迭代次数设为正常算法融合前后两次全局边界行进迭代次数的加和，即Itr=20。CACSS_S1为本章算法所生成的内容敏感性超像素的结果（N'=2N，Itr=10），对应图5.3中（d）。CACSS为本章算法进行局部边界行进后的最终结果（N'=2N，Itr=10），对应图5.3中（e）。

对比CACSS_S0与CACSS_S1，可看出，使用了过数分割策略的算法CACSS_S1在具有相似CO的同时，拥有明显更优越的UE、BR、ASA、EV。对比CACSS_S1与CACSS，当对生成的内容敏感性超像素进行局部的边界行进后，CO得到了大幅提升，UE、ASA、EV的损耗十分微小，由于BR与CO的关联性较高，而此处UE并未过多增加，可推断减少的边缘贴合部分有较大比率为分割错误的边界。将本章算法与WSBM、SCAC、CAS对比，当在BSDS500训练集上，本章算法在拥有更高CO的同时，在其它评价标准中均得到了最优的结果。在SBD的训练集上，本章算法只在

UE 以及与其关联性较高的 ASA 上略逊于 CAS（而 CO 和 BR 大幅领先于 CAS），其他数值仍为四种算法中最优。综合来看，本章算法同时获得了最高的 Acc 和 CO，证明了本章算法在准确度、规整度及准确度和规整度的平衡上皆优于其他三种算法。

表5.1　当N=300时在BSDS500训练集中各算法的结果

Table 5.1　Results for each method（N=300 using the BSDS500 "Train" dataset）

	CACSS_S0	CACSS_S1	CACSS	WSBM	SCAC	CAS
CO	0.1363	0.1313	0.2342	0.1751	0.2221	0.1985
UE	8.53%	7.93%	8.11%	8.75%	8.63%	8.23%
BR	91.16%	91.98%	90.15%	88.29%	90.04%	84.09%
Acc	91.31%	92.03%	91.02%	89.77%	90.71%	87.93%
ASA	95.67%	95.98%	95.89%	95.58%	95.63%	95.84%
EV	87.98%	89.01%	88.46%	86.44%	87.70%	86.00%

表5.2　当N=300时在SBD训练集中各算法的结果

Table 5.2　Results for each method（N=300 using the SBD "Train" dataset）

	CACSS_S0	CACSS_S1	CACSS	WSBM	SCAC	CAS
CO	0.1878	0.1811	0.2683	0.2189	0.2661	0.2404
UE	12.37%	11.70%	11.73%	12.92%	12.41%	11.46%
BR	90.17%	90.66%	89.74%	87.01%	89.67%	85.60%
Acc	88.90%	89.48%	89.00%	87.04%	88.63%	87.07%
ASA	93.64%	94.01%	94.00%	93.38%	93.63%	94.15%
EV	92.45%	93.24%	92.95%	90.23%	92.31%	91.22%

5.3.2　对比实验及结果分析

本节首先在训练集上对比本章算法与 CW、SLIC、SNIC、IMSLIC、ETPS、WSBM 及 SCAC 在不同规整度参数下的结果。在最佳参数设置下，再在测试集和验证集上与经典或优质算法对比，除了上文提到的算法，这些经典或当前最优的算法还包括 LSC、BGS、CAS、qd–CSS、GMMSP、SEEDS，它们的参数选取为相应作者建议的默认设置。

1. 与规整度可控算法的对比

图 5.8 展示了算法与一些规整度可控算法在 BSDS500 和 SBD 训练集上不同规整度设置下的结果。本章算法使用 λ 来控制规整程度。为了使各算法的 CO 以相似的速率增长，本节设置 CW、SLIC、SNIC、IMSLIC、WSBM、SCAC、本章算法的规整度等级分别为其相应规整度参数的 4、1、0.4、0.2、1、20、20 倍。IMSLIC 的规整度参数限制取值在 10—40，故它的规整度等级取值范围为 2—8。ETPS 的规整度等级是由其相关的三个参数集体决定，本实验中将 ETPS 的形状权重参数、边界长度权重参数、尺寸权重参数设为一致，其规整度等级设为形状 / 边界长度 / 尺寸权重参数与颜色权重参数比值的 10 倍。

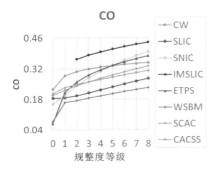
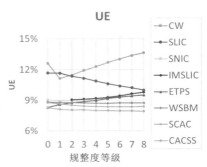

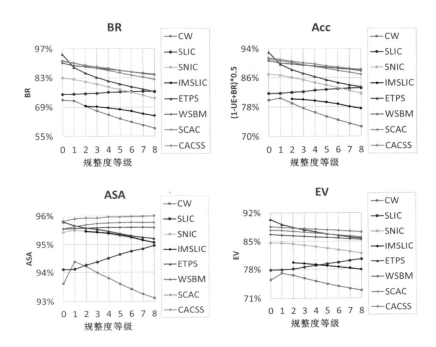

（a）BSDS500训练集 *N* = 300

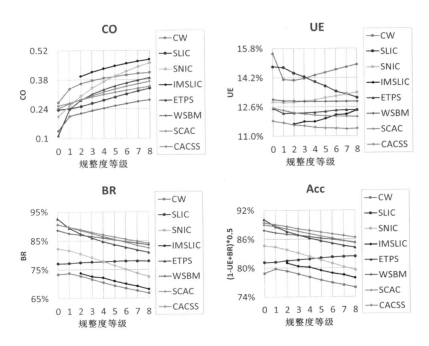

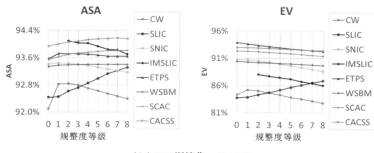

（b）SBD训练集　　$N = 300$

图5.8　在BSDS500和SBD训练集上的对比结果

Fig. 5.8　Performance measures using the BSDS500 and SBD "Train" datasets

结果显示，对于本章算法，随着 CO 的升高，BR 会降低，UE 则在小范围内变动，综合的 Acc 会降低。与其他算法相比，本章算法拥有最佳的 UE 和 ASA，除了规整度等级为 0 时的 ETPS（此时其 CO 过低），本章算法的 BR 也最佳，综合的 Acc 也最高。本章算法的 EV 仅次于 ETPS，代表本章算法生成的超像素具有较为统一的颜色。与 SCAC 相比，本章算法在 UE、ASA、EV 上有显著的提升，在 BR 上基本与 SCAC 相持平，在整体结果上，当 CO 相似时，本章算法拥有更高的 Acc。

即使 ETPS 和 WSBM 在规整度等级为 0 时的准确度最高，它们的 CO 却极低，视觉上的效果也比较繁杂[129]。因此在接下来的实验中，对于 CW、SLIC、SNIC、IMSLIC、ETPS、WSBM、SCAC 和本章算法，分别选取规整度等级为 1、8、1、2、1、2、1 和 1 时的规整度参数，在本章算法中，即 $\lambda=0.05$。

2. 与经典及优质算法的对比

图 5.9 展示了各算法在 BSDS500 和 SBD 训练集上生成结果的视觉对比，$N=300$，边框标出了分割错误的地方，放大图示中的虚线标注了丢失的细节。（a）组为 BSDS500 中的示例，（b）和（c）组为 SBD 中的示例。

首先可以看到，BGS、IMSLIC、qd-CSS 以及本章算法均生成了内容敏感性超像素，它们在图像内容较一致的区域（如天空、草坪、湖面、地面）

生成的超像素较大较疏，而其他算法生成的超像素则相对具有统一的排布。

　　从规整度上来看，CW、SLIC、BGS、IMSLIC、qd–CSS 生成的超像素较为规整，但超像素的边界普遍呈现扭曲毛糙的形态；SEEDS 无论内容环境如何，生成的超像素都极为不规整；LSC、SNIC、CAS、GMMSP、SEEDS、WSBM 则仅在颜色单一的区域生成了规整的超像素，在其他区域的规整度同样较低；SCAC 和本章算法均在特定的区域生成了形状规则边界平滑的超像素，但本章算法在强噪声和强纹理的区域中规整范围更广、规整程度更充分。

　　从准确度上来看，规整度较高的算法准确度较低，规整度较低的算法在一些细节处也有或多或少的遗漏，而本章算法和 ETPS 均拥有较好的边缘贴合能力，无论是弱边缘处［如（a）组中的房子和白衣的边缘、（c）组中车的边缘］，还是细节处［如（b）组中船只的边缘］，都得到了充分的贴合。对比 SCAC，本章算法利用内容敏感性超像素的优势在细节处分配了更多的超像素，因此边缘得到了更充分的探测。对比其他内容敏感性超像素，本章算法在弱边缘处和细节处的表现都更加优越。

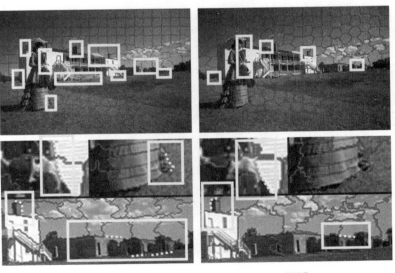

CW　　　　　　　　　　　　　　SLIC

LSC   SNIC

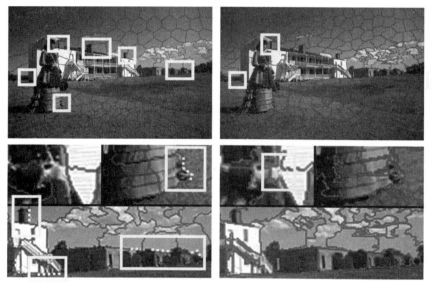

BGS   CAS

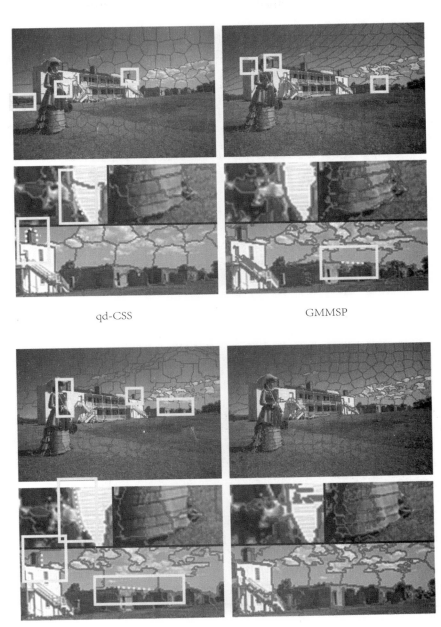

qd-CSS

GMMSP

SEEDS

ETPS

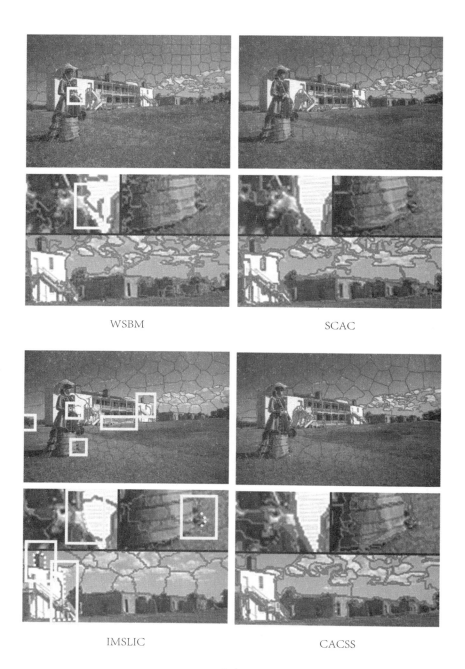

WSBM

SCAC

IMSLIC

CACSS

（a）

CW　　　　　　　　　　　　　　SLIC

LSC　　　　　　　　　　　　　　SNIC

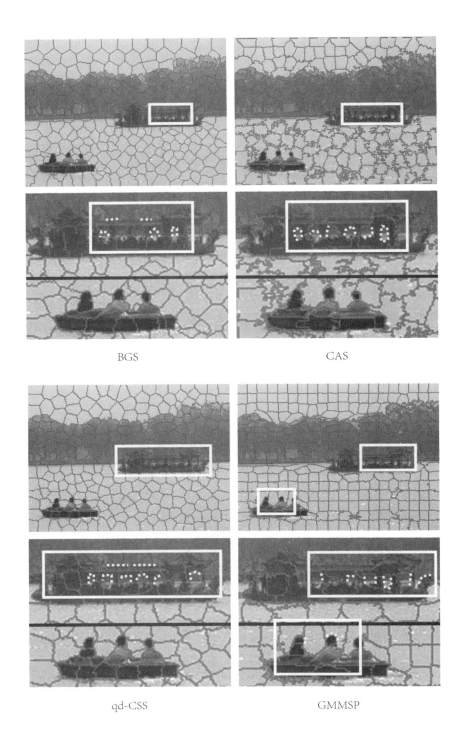

BGS   CAS

qd-CSS   GMMSP

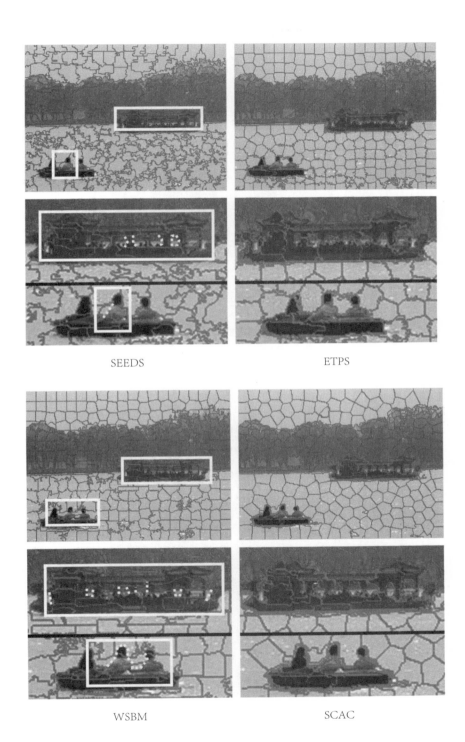

SEEDS   ETPS

WSBM   SCAC

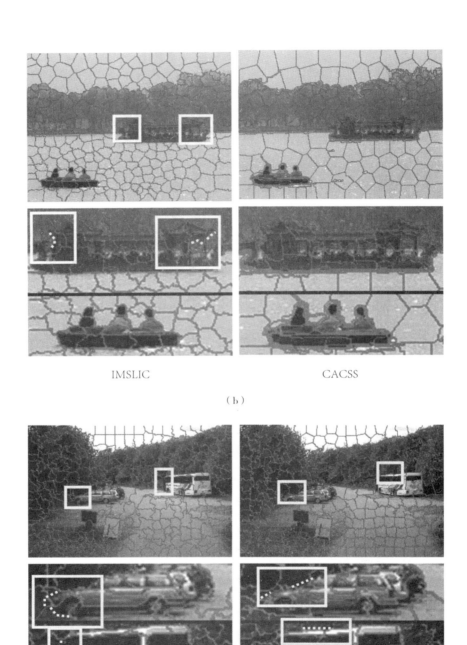

IMSLIC   CACSS

（b）

CW   SLIC

LSC   SNIC

BGS   CAS

qd-CSS

GMMSP

SEEDS

ETPS

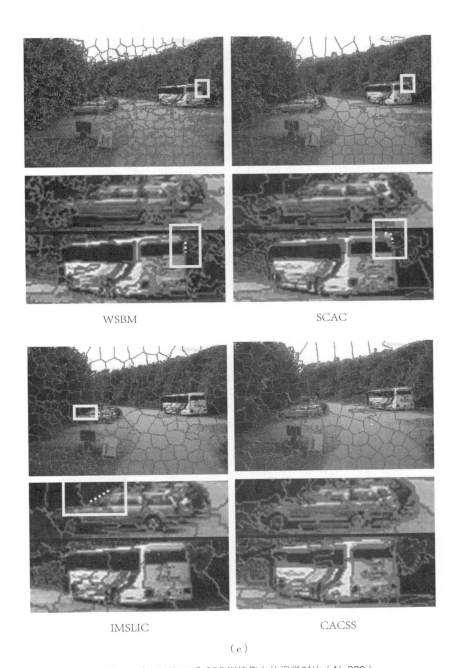

WSBM　　　　　　　　　　　　　SCAC

IMSLIC　　　　　　　　　　　　CACSS

（c）

图5.9　在BSDS500和SBD训练集上的视觉对比（N=300）

Fig. 5.9　Visual comparison using the BSDS500 and SBD "Train" datasets
（N=300）

图 5.10 展示了本章算法与一些经典或优质算法在 BSDS500 和 SBD 测试集和验证集上生成结果的数据对比。超像素的个数设置为 100—1000，每 100 为一单位。本章算法的参数设置为 Itr=10，λ=0.05，即规整度等级为 1。结果表明，本章算法在 CO 上取得了中等的段位，在 Acc 上基本处在最高的位置，在时间上，本章算法仍然拥有实时的速度，虽比部分算法略慢，但比内容敏感性超像素 BGS、IMSLIC（虽无法监测具体处理时间，但根据 [45] 所述，其耗费时间为 qd-CSS 的 6—8 倍）、qd-CSS，以及 ETPS 更具优势。

由于 UE 和 ASA 的强相关性，此处仅以 UE 和 BR 为主来衡量算法的准确度。结果显示，本章算法取得了较低的 UE（当超像素数量较多时，UE 可达最低）和较高的 BR（当超像素数量较少时，BR 可达最高），综合而来的 Acc 基本为算法中最佳。本章算法的 EV 处于第二高的位置，说明本章算法生成的超像素具有较统一的颜色。与 SCAC 相比，本章算法的 BR 基本保持一致，在 CO、UE、ASA、EV 上都有提升，证明本章算法在获得了更高规整度的同时，具有相近甚至更高的准确度。

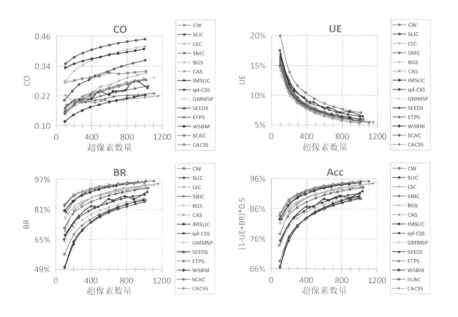

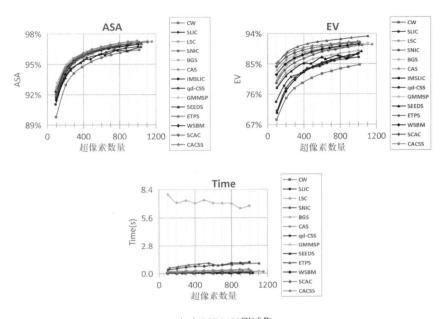

（a）BSDS500测试集

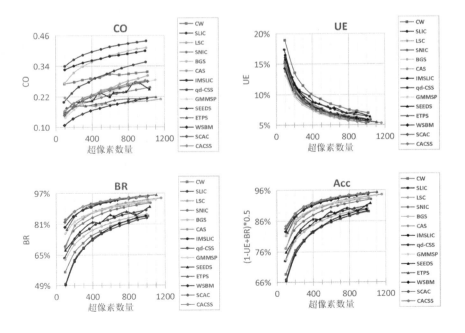

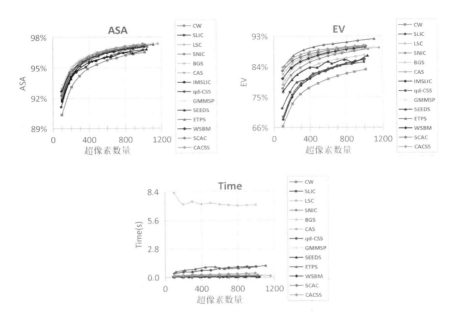

（b）BSDS500验证集

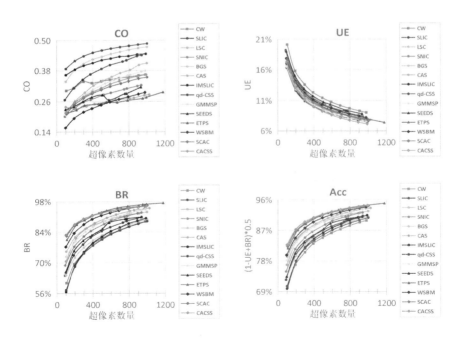

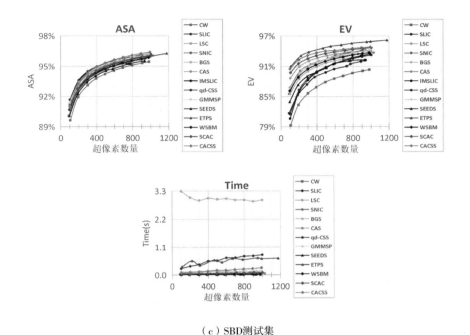

（c）SBD测试集

图5.10 在BSDS500和SBD测试集和验证集上的对比结果

Fig. 5.10 Performance measures using the BSDS500 and SBD "Test" and "Val" datasets

从控制的角度来看，ETPS 生成的超像素要比设置的数量超出很多；SLIC 则因后续处理而偶尔生成较少的超像素；SNIC、CAS、GMMSP、SEEDS 生成的超像素数量误差较大，其中 SEEDS 的表现强烈受初始区块的影响；BGS 和 qd–CSS 能够生成与设置完全一致的超像素数量；CW、IMSLIC、WSBM、SCAC 和本章算法能够生成近似的超像素数量。

由于 BR 受 CO 的影响较大，因此针对规整度较高的几种算法（CW、SLIC、BGS、IMSLIC、qd–CSS），另取两组不同参数设置下的本章算法来进行对比，CACSS（0.5）和 CACSS（1.2）的参数设置分别为 Itr=10，λ=0.5（规整度等级为 10），以及 Itr=10，λ=1.2（规整度等级为 24），对比结果如图 5.11 所示。

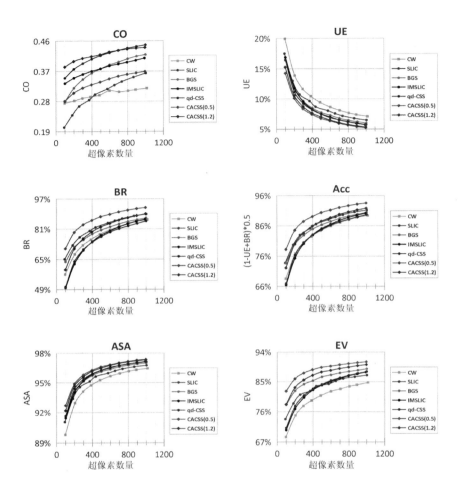

（a）BSDS500测试集

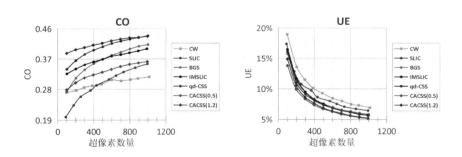

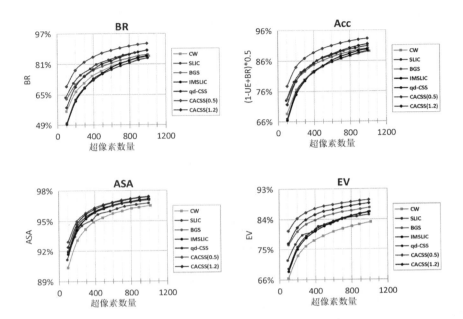

（b）BSDS500验证集

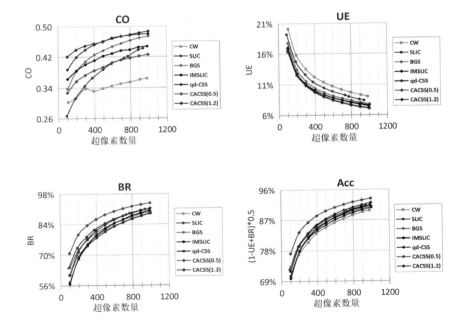

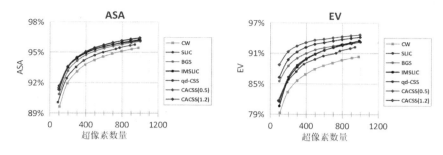

（c）SBD测试集

图5.11　在BSDS500和SBD测试集和验证集上与高规整度算法的对比

Fig. 5.11　Comparison with the highly compact methods using the BSDS500 and SBD "Test" and "Val" datasets

可看出，与其他算法相比，本章算法可以在具备更高规整度的同时，获得更高的准确度。CACSS（0.5）的CO在CW和SLIC之上，它的UE、BR、Acc、ASA、EV均优于CW和SLIC。CACSS（1.2）的CO基本在内容敏感性超像素生成算法BGS、IMSLIC、qd-CSS之上，为算法中最高，它的UE、BR、Acc、ASA、EV均优于BGS、IMSLIC、qd-CSS，其中UE、ASA、EV甚至超过了CW和SLIC。

对比CACSS（0.5）与CACSS（1.2），可看到CACSS（1.2）的CO明显更高，但两者的UE和ASA十分相近，说明对于本章算法，当规整度提高时，分割的正确率基本不变，具有较好的稳定性。

图5.12展示了各算法在BSDS500和SBD测试集和验证集上生成结果的视觉对比，N=400。边框标出了分割错误的地方，放大图示中的虚线标注了丢失的细节。（a）和（b）组为BSDS500中的示例，（c）组为SBD中的示例。

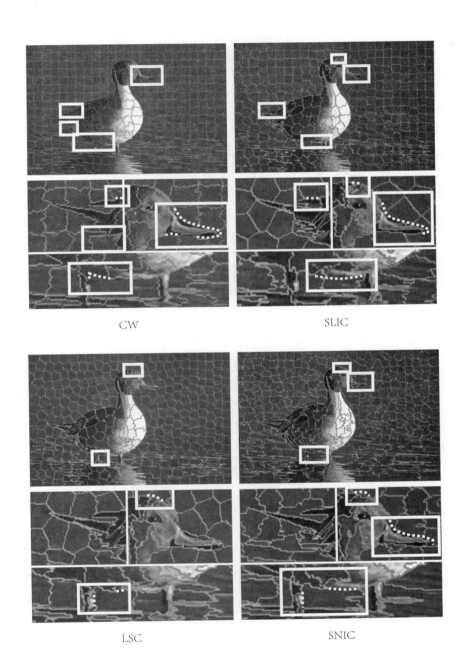

CW

SLIC

LSC

SNIC

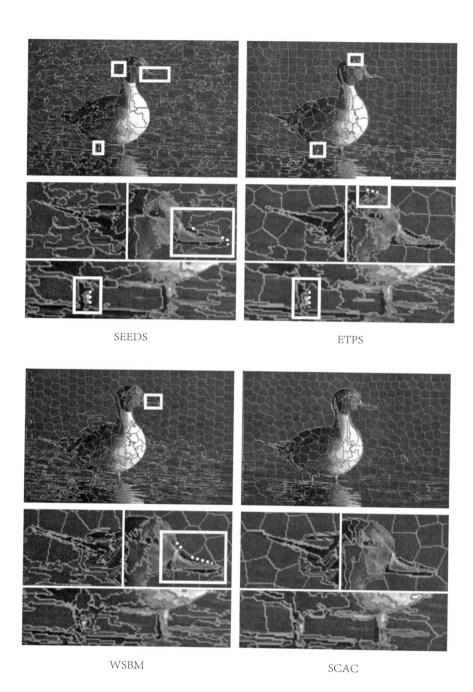

SEEDS

ETPS

WSBM

SCAC

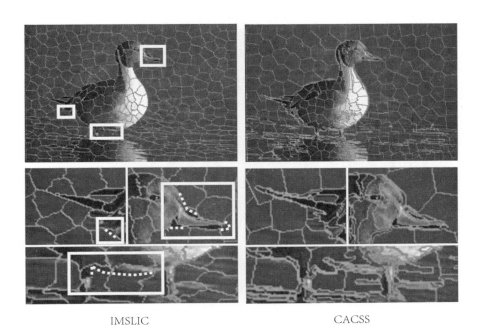

IMSLIC　　　　　　　　　　　CACSS

（a）

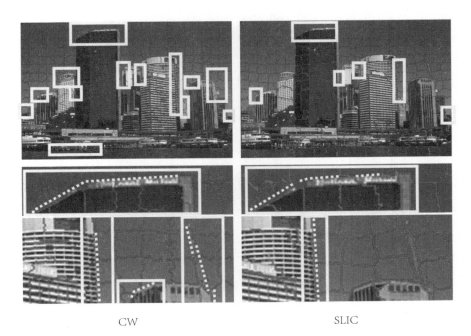

CW　　　　　　　　　　　SLIC

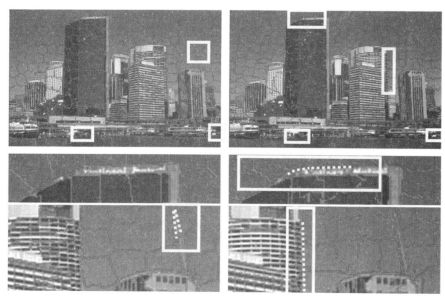

LSC   SNIC

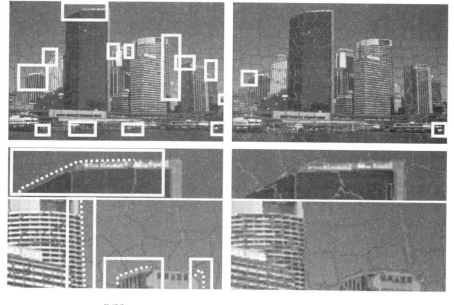

BGS   CAS

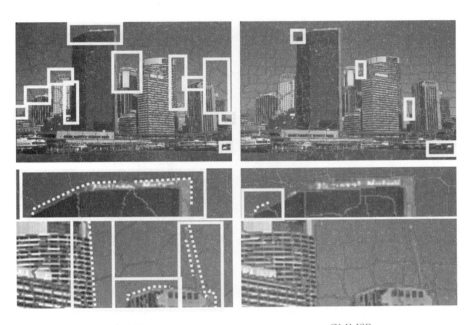

qd-CSS   GMMSP

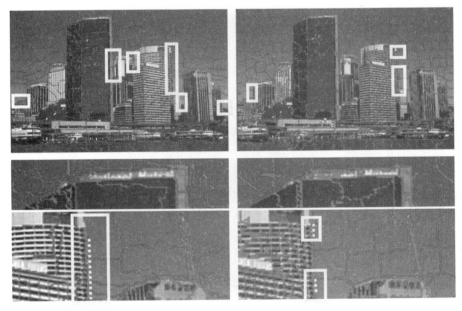

SEEDS   ETPS

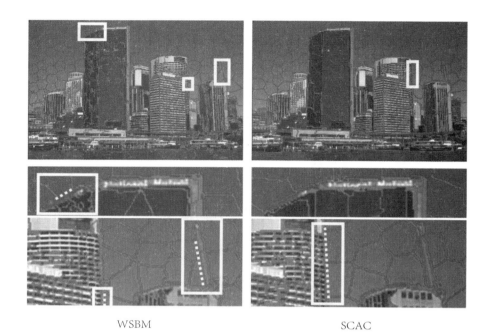

WSBM   SCAC

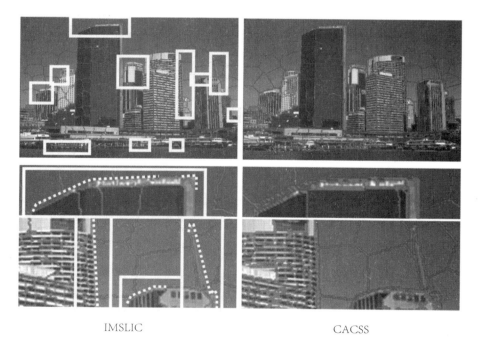

IMSLIC   CACSS

（b）

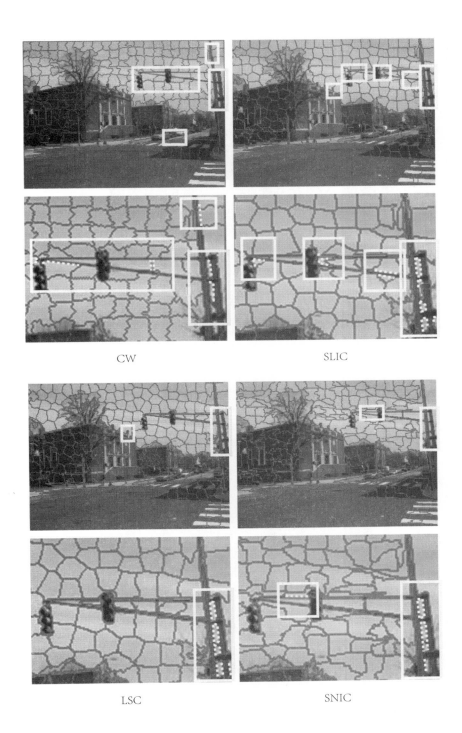

CW

SLIC

LSC

SNIC

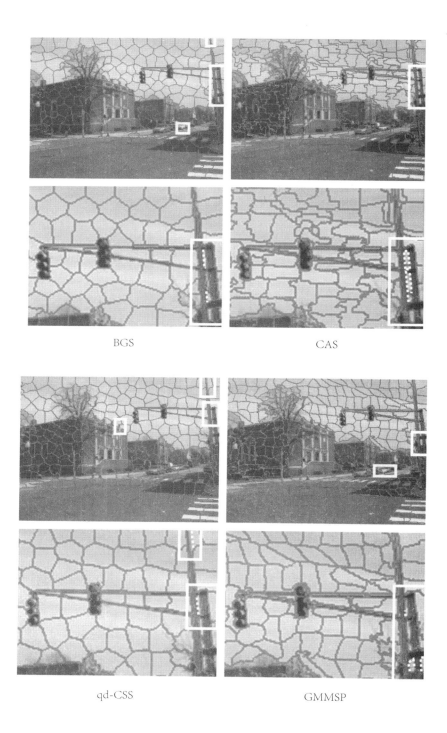

BGS

CAS

qd-CSS

GMMSP

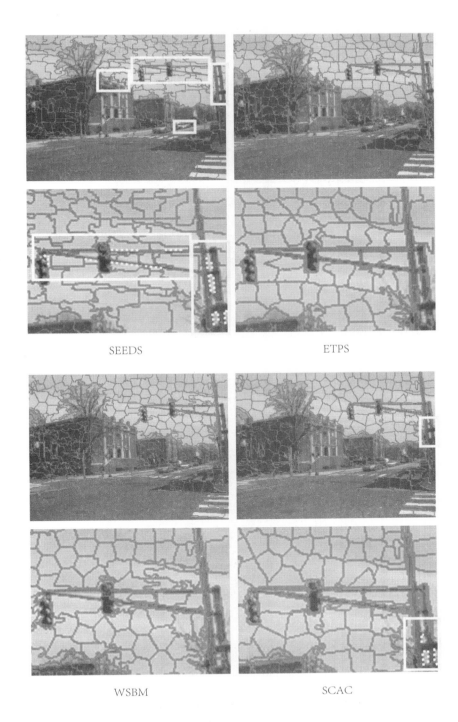

SEEDS   ETPS

WSBM   SCAC

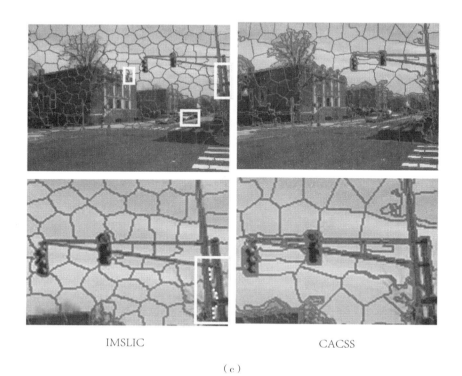

IMSLIC   CACSS

（c）

图5.12　在BSDS500和SBD测试集和验证集上的视觉对比（N=400）

Fig. 5.12　Visual comparison using the BSDS500 and SBD "Test" and "Val" datasets（N=400）

可以看出，与图 5.9 相同，本章算法生成了内容敏感性超像素，并在筛选出来的无物体边缘的区域，超像素的形状较为规则，边界十分平滑，同时，本章算法显示出了较强的边缘贴合能力，在弱边缘处，如（a）组中的鸭嘴和鸭身、（b）组中的楼顶线杆，在细节处，如（c）组中的交通灯架，均表现优秀。值得注意的是，在（b）组中，处于放大图下方的建筑物右侧边缘，一些规整度高的算法如 CW 及具备内容敏感性的 BGS、IMSLIC、qd-CSS 皆因其对比度较弱将其遗漏。另一些算法如 SLIC、SNIC、SEEDS 及具备高准确度的 ETPS、WSBM、SCAC 误将超像素的边界停留在了附近对比度更强的窗口处。而本章算法既探测到了该弱边缘，又因分配了足够数量的超像素同时保留了窗口处与该处的边界，成功贴合了正确的边缘。同理，（b）组中最高的楼顶外边缘因相对较弱在超像素数量不足的情况下被很多算法遗漏而将边界停留在内部的玻璃幕墙处。这些误判的算法包括内容敏感性的 BGS、IMSLIC、qd-CSS。可以看到，这三种算法并未在这两处分布更多的超像素，因此其内容敏感性缺乏精准度。与 SCAC 相比，本章算法通过更合理地排布超像素，避免了因其数量不足而导致的边缘贴合错误［如（b）组中的建筑物边缘］或遗漏［如（c）组中的交通灯架］。

为了进一步比较几种内容敏感性超像素生成算法，图 5.13 展示了一组高规整度算法的视觉对比（示例图片选自 BSDS500 测试集）。本章算法 CACSS（0.05）、CACSS（0.5）、CACSS（1.2）的参数分别为 $Itr=10$，$\lambda=0.05$（规整度等级为 1）；$Itr=10$，$\lambda=0.5$（规整度等级为 10）；$Itr=10$，$\lambda=1.2$（规整度等级为 24）。图中边框标出了分割错误处，放大图示中的虚线标注了丢失的细节。

可以看到，本章算法在具备更高规整度的同时在准确度上依然优于其他算法。对于本章算法自身，当超像素的规整度升高时，仍可保证主要物体边缘的贴合准确度。通过图 5.10 和图 5.11 的对比可知，该组中各算法的规整度排序为 CACSS（1.2）>qd-CSS>BGS ≈ IMSLIC>CACSS（0.5）>SLIC>CW>CACSS（0.05）。其中，BGS、IMSLIC、qd-CSS、CACSS 是内容敏感性超像素生成算法，可看到，相较于 CW 和 SLIC，这四种算法能够通过更合理地分配超像素，以更高的规整度更准确地贴合物体边缘，证明了内容敏感性超像素的有效性。但 BGS、IMSLIC、qd-CSS 仍在一些弱边缘和细节处存在着错误和遗漏。三组本章算法均能够正确贴合主要的物体边缘，其中，CACSS（1.2）拥有最高的规整度，同时其仍能够获得比 BGS、IMSLIC、qd-CSS 更高的准确度，这说明了本章算法在合理分布超像素这一方面更精准。

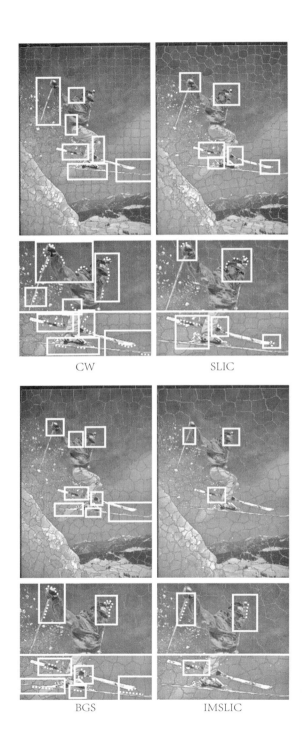

CW   SLIC

BGS   IMSLIC

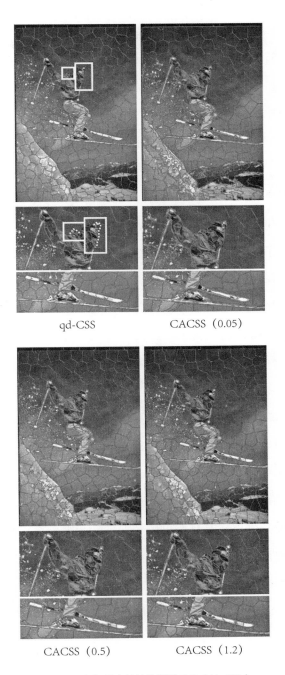

qd-CSS   CACSS（0.05）

CACSS（0.5）   CACSS（1.2）

图5.13   高规整度算法的视觉对比（N=400）
Fig. 5.13   Visual comparison with highly compact methods（N=400）

综上，本章算法能够生成内容敏感性超像素，与其他经典或优质的算法相比，本章算法能以实时的速度获得较高的准确度，且在相同条件下具备更高的规整度。与部分内容敏感性超像素生成算法相比，本章算法能以更快的速度生成更高规整度和准确度的超像素。与第4章算法相比，本章算法生成的超像素在准确度和规整度上均表现更佳。

5.3.3　创新点及优势

实验分析证明，本章算法的创新点及优势如下。

（1）提出了一种新的内容敏感性超像素生成策略，即过数分割再对生成的边界进行相似度排序和融合，结合以准确度为优先的内容适应性处理标准，生成的超像素具有较高的准确度，且计算简单，速度较快。

（2）为边界的颜色和纹理筛选设计了基于边界扭曲度的权重系数，使筛选阈值能够根据边界特性进行自动调整，更充分地筛选出了具有强噪声和强纹理的无物体边缘区域。

（3）结合了内容敏感性超像素和SCAC的优点，生成的超像素既具有合理分布，又可在有物体边缘的区域获得较高的准确度，在无物体边缘的区域呈现出高规整度。

（4）与已有算法相比，本章算法能够以实时的速度，生成具有较高准确度且在相同条件下较高规整度的超像素。与上章算法相比，本章算法在准确度和规整度上均表现更佳。与内容敏感性超像素生成算法相比，本章算法同时在准确度、规整度、速度上获得了更优质的结果，更适用于一些对处理速度有较高要求，且对整体图像内容表述和高阶特征提取有需求的相关应用。

5.4　本章小结

　　本章介绍了一些现有的内容适应性超像素生成算法，总结和分析了这些算法的结果质量及存在的问题，并针对问题提出了应对策略。在"以准确度为优先"的处理阶段，通过过数分割及边界相似度排序和融合，生成了全局的内容敏感性超像素，计算所得边界的扭曲度，使用以边界扭曲度为阈值系数的梯度、颜色、纹理特征对得到的边界进行筛选，对筛选出的局部边界像素进行"以规整度为准"的再次鉴定，获得最终的生成结果。通过与现有算法的对比实验，证明了所提出算法的有效性和优越性。

6 总结与展望

6.1 工作总结

本书对图像处理领域中的超像素生成算法进行了深入的研究，围绕超像素算法在实际应用中的作用，总结和分析了现有超像素生成算法的特点和不足。从各算法的表现来看，它们大多无法在准确度、规整度、速度这三个主要衡量指标上获得均衡全面的优质结果，且普遍在准确度与规整度间呈现出强烈的互斥性，使其在实际应用中受限。造成这种现象的原因可概括为，这些算法没有根据图像不同区域的不同需求制定相应的有效处理标准，导致了区域需求无法被充分满足，且区域间的需求冲突无法得到缓解。针对这些问题，本书从策略的创新、优势的集成、缺陷的弥补、元素的改进等多个角度出发，以提出的内容适应性生成策略为主线，设计了一系列超像素生成算法，这些算法的创新点和优势总结如下。

（1）针对已有算法准确度不足，且准确度和规整度强烈互斥的问题，本书提出了一个新的内容适应性生成策略，首先从特征选择上改进了基于分水岭的超像素生成算法，在此基础上，将图像按照内容特性分成有物体边缘和无物体边缘两种区域，针对不同的区域，分别设计了不同侧重点的两个独立的处理标准，并通过一组优先级队列依次对全局和局部的边界像素进行了修正，以此给出了一个基于分水岭的全局和局部边界行进超像生成算法（WSBM）。该算法在保持速度优势的情况下，大幅提升了生成结果的准确度，并有效消减了准确度与规整度之间的互相制约。与已有算法相比，该算法生成的超像素具有较高的准确度和较快的速度，并且在图像内容单一的区域具有较高的规整度。

（2）针对已有算法规整度受限的问题，本书对提出的内容适应性生成策略进行了改进，从初始区块开始，基于对光照信息的考量，以准确度优先设计了一个新的全局处理标准，并针对噪声和纹理的干扰，通过定义颜色和纹理特征的新用法，重新划分了相应区域的筛选范围，并以规整度为准对其中的边界像素进行了修正，以此给出了一个具有内容适应性处理标准的超像素生成算法（SCAC）。该算法削弱了光照对准确度和规整度的不良影响，减少了分割错误率，削减了噪声和纹理对规整度的抑制，扩大了规整度提升的范围。与上一算法相比，该算法同时提升了准确度与规整度。与已有算法相比，该算法能够以实时的速度，生成具有高准确度且在相同条件下高规整度的超像素。

（3）针对现有内容敏感性超像素生成算法在准确度和速度上的不足，本书结合内容适应性生成策略，设计了一种新的内容敏感性超像素生成方式，首先使用准确度优先的内容适应性处理标准，通过过数分割及边界融合生成了全局的内容敏感性超像素，接着，对以规整度为准的局部边界行进中的区域筛选加以完善，采用了新的纹理过滤器，并在颜色和纹理筛选中设计了边界扭曲度作为阈值系数，使区域筛选能够根据边界特性而自动调整，以此给出了一个具有适应性边界的内容敏感性超像素生成算法（CACSS）。该算法优化了上一算法的准确度和规整度，同时在准确度、规整度、速度上优于其他内容敏感性超像素生成算法。与已有算法相比，该算法能够以实时的速度，生成具有高准确度且在相同条件下高规整度的超像素。

6.2 未来工作展望

伴随着科技与生活的深入结合，图像处理技术应用的领域越来越广泛，面临的需求也日益严苛。对于超像素生成算法而言，其应用价值仍在不断被挖掘，同时算法的自身质量也有很大的进步空间。在上述阶段性成果的基础上，今后将继续深入研究超像素生成的相关理论与应用，针对不同需求探索更准更快更规整的超像素生成策略。下一步的研究工作包括以下几个方面。

（1）在本书所述算法的基础上对内容适应性生成策略进行更深入的挖掘。该生成策略仍然存在着改进的余地，将主要着重于对图像噪声和纹理的处理，力求更智能地分辨图像内容，生成准确度与规整度兼顾的超像素。

（2）结合深度学习，探索能够融入人工智能领域的超像素生成技术。目前越来越多的图像处理任务通过深度神经网络来完成，为了适应这类应用，设计可以与之结合的超像素生成技术是大势所趋，目前该类超像素生成算法并不足够成熟，仍有较大的提升空间。

（3）针对更多特定领域（如医疗图像、遥感图像或深度图像、视频等），开发适用的超像素生成算法。特定领域的图像具有其相应的特点，如医疗图像通常为三维灰度图，具有噪声大、边缘不清晰等特点；遥感图像所展示的场景往往可以分类为常见的几种，各有相应的特性；深度图像拥有深度通道，可加以利用；视频可看作三维图像或图像序列，同一场景中的相邻两帧关联十分密切。超像素在这些领域中的应用应针对这些特点来设计，具有十分广泛的探索空间。

（4）开发超像素相关的应用。如在物体识别、图像分类、目标追踪等图像处理任务中，将超像素生成算法落实到实处以实现它的应用价值，这具有重大的研究意义。

科技时代，人们的生活离不开图像处理技术的帮助，超像素生成算法作为其中一个重要分支，仍有极大的探索空间和应用价值，今后还需从更深层面及更多方向对其进行研究，学无止境，当行远自迩，笃行不怠。

附　录

攻读博士学位期间科研及工作情况

已发表论文

1. Y. Yuan, Y. -W. Chen, C. Dong, etc. Hybrid Method Combining Superpixel, Random Walk and Active Contour Model for Fast and Accurate Liver Segmentation [J]. Computerized Medical Imaging and Graphics, 2018, 70: 119–134.（SCI 检索二区。对应本书 2.4.1 节）

2. Y. Yuan, Z. Zhu, H. Yu, etc. Watershed–based Superpixels with Global and Local Boundary Marching [J]. IEEE Transactions on Image Processing, 2020, 29: 7375–7388.（SCI 检索一区，CCF 推荐 A 类。对应本书第 3 章）

3. Y. Yuan, W. Zhang, H. Yu, Z. Zhu. Superpixels with Content–adaptive Criteria [J]. IEEE Transactions on Image Processing, 2021, 30: 7702–7716.（SCI 检索一区，CCF 推荐 A 类。对应本书第 4 章）

在审论文

Y. Yuan, W. Zhang, H. Yu, Z. Zhu. Content–sensitive Superpixels with Adaptive Boundaries [J]. IEEE Transactions on Image Processing.（对应本书第 5 章）

科研项目

1. 基于压缩感知的码率自适应混沌视频加密机制研究，国家自然科学基金，2020—2024，主要参与人。

2. 基于多维算数编码的比特级混沌加密与压缩联合编码研究，国家自然科学基金，2014—2016，主要参与人。

3. Web 服务关系复杂性研究，国家自然科学基金，2013—2017，主要参与人。

4. 可触摸的 COVID–19 评估与可视化交互系统开发，日本立命馆大学智能画像处理研究室联合课题，2020—2022，主要参与人。

5. 交互式医疗图像可视化与分析系统的开发，日本立命馆大学智能画像处理研究室联合课题，2014—2015，主要参与人。

参考文献

[1] H. Wu, Y. Wu, S. Zhang, et al. Cartoon image segmentation based on improved SLIC superpixels and adaptive region propagation merging [A]// 2016 IEEE International Conference on Signal and Image Processing（ICSIP）. IEEE, Phoenix, USA, 2016: 277−281.

[2] T. Lei, X. Jia, Y. Zhang, et al. Nandi. Superpixel−based fast fuzzy C−means clustering for color image segmentation [J]. IEEE Transactions on Fuzzy Systems, 2019, 27（9）: 1753−1766.

[3] Z. Tian, L. Liu, Z. Zhang, et al. Superpixel−based segmentation for 3D prostate MR images [J]. IEEE Transactions on Medical Imaging, 2016, 35（3）: 791−801.

[4] X. Jia, T. Lei, P. Liu, et al. Fast and automatic image segmentation using superpixel−based graph clustering [J]. IEEE Access, 2020, 8: 211526−211539.

[5] L. Ren, L. Zhao, Y. Wang. A superpixel−based dual window RX for hyperspectral anomaly detection [J]. IEEE Geoscience and Remote Sensing Letters, 2020, 17（7）: 1233−1237.

[6] J. Lu, Y. Li, H. Yang, et al. Patch match filter: edge−aware filtering meets randomized search for visual correspondence [J]. IEEE Transactions on Pattern Analysis and Machine Intelligence, 2017, 39（9）: 1866−1879.

[7] J. Zhang, J. Chen, Q. Wang, et al. Spatiotemporal saliency detection based on maximum consistency superpixels merging for video analysis [J]. IEEE

Transactions on Industrial Informatics, 2020, 16（1）: 606−614.

[8] S. Lee, W. Jang, C. Kim. Tracking−by−segmentation using superpixel−wise neural network [J]. IEEE Access, 2018, 6: 54982−54993.

[9] F. Yang, H. Lu, M. Yang. Robust superpixel tracking [J]. IEEE Transactions on Image Processing, 2014, 23（4）: 1639−1651.

[10] D. Lin, S. Fidler, R. Urtasun. Holistic scene understanding for 3D object detection with RGBD cameras [A]// 14th IEEE International Conference on Computer Vision（ICCV）. IEEE, Sydney, AUS, 2013: 1417−1424.

[11] S. Gupta, P. A. Arbeláez, R. B. Girshick, et al. Indoor scene understanding with RGB−D images: bottom−up segmentation, object detection and semantic segmentation [J]. International Journal of Computer Vision, 2015, 112（2）: 133−149.

[12] A. Geiger, C. Wang. Joint 3D object and layout inference from a single RGB−D image [A]// 37th German Conference on Pattern Recognition（GCPR）. DAGM, Aachen, GER, 2015: 183−195.

[13] A. Bódis−Szomorú, H. Riemenschneider, L. Van Gool. Superpixel meshes for fast edge−preserving surface reconstruction [A]// 2015 IEEE Conference on Computer Vision and Pattern Recognition（CVPR）. IEEE, Boston, USA, 2015: 2011−2020.

[14] D. Stutz, A. Hermans, B. Leibe. Superpixels: an evaluation of the state−of−the−art [J]. Computer Vision & Image Understanding, 2018, 166: 1−27.

[15] X. Ren, J. Malik. Learning a classification model for segmentation [A]// 9th IEEE International Conference on Computer Vision（ICCV）. IEEE, Nice, FRA, 2003: 10−17.

[16] R. Mester, U. Franke. Statistical model based image segmentation using

region growing, contour relaxation and classification [A]// SPIE Symposium on Visual Communications and Image Processing （VCIP）. 1988: 616-624.

[17] E. R. Dougherty. Mathematical Morphology in Image Processing [M]. New York, USA: Marcel Dekker Inc., 1993: 433-481.

[18] F. Meyer. Color image segmentation [A]// 1992 IEEE International Conference on Image Processing and its Applications. IEEE, Maastricht, NLD, 1992: 303-306.

[19] J. Shi, J. Malik. Normalized cuts and image segmentation [J]. IEEE Transactions on Pattern Analysis and Machine Intelligence, 2000, 22 （8）: 888-905.

[20] P. F. Felzenswalb, D. P. Huttenlocher. Efficient graph-based image segmentation [J]. International Journal of Computer Vision, 2004, 59 （2）: 167- 181.

[21] D. Hoiem, A. A. Efros, M. Hebert. Automatic photo pop-up [J]. ACM Transactions on Graphics, 2005, 24 （3）: 577-584.

[22] D. Hoiem, A. N. Stein, A. A. Efros, et al. Recovering occlusion boundaries from a single image [A]// 11th IEEE International Conference on Computer Vision （ICCV）. IEEE, Rio de Janeiro, BRA, 2007: 1-8.

[23] J. Tighe, S. Lazebnik. Super parsing: scalable nonparametric image parsing with superpixels [A]// 11th European Conference on Computer Vision （ECCV）. Crete, GRC, 2010: 352-365.

[24] G. Mori, X. Ren, A. A. Efros, et al. Recovering human body configurations: combining segmentation and recognition [A]// 2004 IEEE Conference on Computer Vision and Pattern Recognition （CVPR）. IEEE, Washington, USA, 2004: 326-333.

[25] G. Mori. Guiding model search using segmentation [A]// 10th IEEE

International Conference on Computer Vision （ICCV）. IEEE, Beijing, CHN, 2005, 1: 1417−1423.

[26] M. Liu, O. Tuzel, S. Ramalingam, et al. Entropy rate superpixel segmentation [A]// 2011 IEEE Conference on Computer Vision and Pattern Recognition （CVPR）. IEEE, Colorado Springs, USA, 2011: 2097−2104.

[27] Y. Zhang, R. Hartley, J. Mashford, et al. Superpixels via pseudo−boolean optimization [A]// 13th IEEE International Conference on Computer Vision （ICCV）. IEEE, Barcelona, ESP, 2011: 1387−1394.

[28] O. Veksler, Y. Boykov, P. Mehrani. Superpixels and supervoxels in an energy optimization framework [A]// 11th European Conference on Computer Vision （ECCV）. Crete, GRC, 2010: 211−224.

[29] J. Shen, Y. Du, W. Wang, et al. Lazy Random Walks for Superpixel Segmentation [J]. IEEE Transactions on Image Processing, 2014, 23 （4）: 1451−1462.

[30] H. Wang, J. Shen, J. Yin, et al. Adaptive nonlocal random walks for image superpixel segmentation [J]. IEEE Transactions on Circuits and Systems for Video Technology, 2020, 30 （3）: 822−834.

[31] X. Kang, L. Zhu, A. Ming. Dynamic random walk for superpixel segmentation [J]. IEEE Transactions on Image Processing, 2020, 29: 3871−3884.

[32] J. E. Vargas−Muñoz, A. S. Chowdhury, E. B. Alexandre, et al. An iterative spanning forest framework for superpixel segmentation [J]. IEEE Transactions on Image Processing, 2019, 28 （7）: 3477−3489.

[33] T. Yan, X. Huang, Q. Zhao. Hierarchical superpixel segmentation by parallel CRTrees labeling [J]. IEEE Transactions on Image Processing, 2022, 31: 4719−4732.

[34] G. Zeng, P. Wang, J. Wang, R. Gan, H. Zha. Structure-sensitive superpixels via geodesic distance [A]// 13th IEEE International Conference on Computer Vision（ICCV）. IEEE, Barcelona, ESP, 2011: 447-454.

[35] G. Peyré, M. Péchaud, R. Keriven, L. D. Cohen. Geodesic methods in computer vision and graphics [J]. Foundations and Trends in Computer Graphics and Vision, 2010, 5（3-4）: 197-397.

[36] Y. Zhou, X. Pan, W. Wang, Y. Yin, C. Zhang. Superpixels by bilateral geodesic distance [J]. IEEE Transactions on Circuits and Systems for Video Technology, 2017, 27（11）: 2281-2293.

[37] R. Achanta, A. Shaji, K. Smith, A. Lucchi, P. Fua, S. Süsstrunk. SLIC superpixels compared to state-of-the-art superpixel methods [J]. IEEE Transactions on Pattern Analysis and Machine Intelligence, 2012, 34（11）: 2274-2282.

[38] C.L. Zitnick. S.B. Kang. Stereo for image-based rendering using image over-segmentation [J]. International Journal of Computer Vision, 2007, 75: 49-65.

[39] R. O. Duda, P. E. Hart, D. G. Stork. Pattern Classification [M]. Hoboken, USA: John Wiley & Sons, Inc., 2004.

[40] Z. Li, J. Chen. Superpixel segmentation using linear spectral [A]// 2015 IEEE Conference on Computer Vision and Pattern Recognition（CVPR）. IEEE, Boston, USA, 2015: 1356-1363.

[41] R. Achanta, S. Süsstrunk. Superpixels and polygons using simple non-iterative clustering [A]// 2017 IEEE Conference on Computer Vision and Pattern Recognition（CVPR）. IEEE, Honolulu, USA, 2017: 4895-4904.

[42] P. Neubert, P. Protzel. Compact watershed and preemptive SLIC: on improving trade-offs of superpixel segmentation algorithms [A]// 22nd IEEE

International Conference on Pattern Recognition （ICPR）. IEEE, Stockholm, SWE, 2014: 996−1001.

[43] Y. −J. Liu, C. −C. Yu, M. −J. Yu. Y. He. Manifold SLIC: a fast method to compute content−sensitive superpixels [A]// 2016 IEEE Conference on Computer Vision and Pattern Recognition （CVPR）. IEEE, Las Vegas, USA, 2016: 651−659.

[44] Y. −J. Liu, M. Yu, B. −J. Li, Y. He. Intrinsic manifold SLIC: a simple and efficient method for computing content−sensitive superpixels [J]. IEEE Transactions on Pattern Analysis and Machine Intelligence, 2018, 40 （3）: 653−666.

[45] Z. Ye, R. Yi, M. Yu, Y.−J. Liu, Y. He. Fast computation of content−sensitive superpixels and supervoxels using q−distances [A]// 17th IEEE/CVF International Conference on Computer Vision （ICCV）. IEEE/CVF, Seoul, KOR, 2019: 3769−3778.

[46] C. Wu, J. Zheng, Z. Feng, H. Zhang, L. Zhang, J. Cao, H. Yan. Fuzzy SLIC: Fuzzy simple linear iterative clustering [J]. IEEE Transactions on Circuits and Systems for Video Technology, 2021, 31 （6）: 2114−2124.

[47] A. Levinshtein, A. Stere, K. N. Kutulakos, D. J. Fleet, S. J. Dickinson, K. Siddiqi. TurboPixels: fast superpixels using geometric flows [J]. IEEE Transactions on Pattern Analysis and Machine Intelligence, 2009, 31 （12）: 2290−2297.

[48] J. Shen, X. Hao, Z. Liang, Y. Liu, W. Wang, L. Shao. Real−time superpixel segmentation by DBSCAN clustering algorithm [J]. IEEE Transactions on Image Processing, 2016, 25 （12）: 5933−5942.

[49] X. Xiao, Y. Zhou, Y. Gong. Content−adaptive superpixel segmentation [J]. IEEE Transactions on Image Processing, 2018, 27 （6）: 2883−2896.

[50] L. Zhang, S. Lu, C. Hu, D. Xiang, T. Liu, Y. Su. Superpixel generation

for SAR imagery based on fast DBSCAN clustering with edge penalty [J]. IEEE Journal of Selected Topics in Applied Earth Observations and Remote Sensing, 2022, 15: 804−819.

[51] H. Li, Y. Jia, R. Cong, W. Wu, S. T. W. Kwong, C. Chen. Superpixel segmentation based on spatially constrained subspace clustering [J]. IEEE Transactions on Industrial Informatics, 2021, 17（11）: 7501−7512.

[52] Y. Xu, X. Gao, C. Zhang, J. Tan, X. Li. High quality superpixel generation through regional decomposition [J]. IEEE Transactions on Circuits and Systems for Video Technology, 2022.

[53] T. C. Ng, S. K. Choy. Variational fuzzy superpixel segmentation [J]. IEEE Transactions on Fuzzy Systems, 2022, 30（1）: 14−26.

[54] V. Machairas, M. Faessel, D. Cárdenas−Peña, T. Chabardes, T. Walter, E. Decencière. Waterpixels [J]. IEEE Transactions on Image Processing, 2015, 24（11）: 3707−3716.

[55] Z. Hu, Q. Zou, Q. Li. Watershed superpixel [A]// 2015 IEEE International Conference on Image Processing（ICIP）. IEEE, Québec, CAN, 2015: 349−353.

[56] X. Pan, Y. Zhou, Z. Chen, C. Zhang. Texture relative superpixel generation with adaptive parameters [J]. IEEE Transactions on Multimedia, 2019, 21（8）: 1997−2011.

[57] M. Van den Bergh, X. Boix, G. Roig, B. de Capitani, L. Van Gool. SEEDS: superpixels extracted via energy−driven sampling [A]// 12th European Conference on Computer Vision（ECCV）. Firenze, ITA, 2012: 13−26.

[58] J. Yao, M. Boben, S. Fidler, R. Urtasun. Real−time coarse−to−fine topologically preserving segmentation [A]. 2015 IEEE Conference on Computer

Vision and Pattern Recognition （CVPR） [C]. IEEE, Boston, USA, 2015: 2947−2955.

[59] L. Duan, F. Lafarge. Image partitioning into convex polygons [A]// 2015 IEEE Conference on Computer Vision and Pattern Recognition（CVPR）. IEEE, Boston, USA, 2015: 3119−3127.

[60] A. Okabe, B. Boots, K. Sugihara. Spatial tessellations: concepts and applications of Voronoi diagrams [M]. Hoboken, USA: Wiley, 1992.

[61] D. Ma, Y. Zhou, S. Xin, W. Wang. Convex and compact superpixels by edge−constrained centroidal power diagram [J]. IEEE Transactions on Image Processing, 2021, 30: 1825−1839.

[62] F. Aurenhammer. Power diagrams: properties, algorithms and applications [J]. SIAM Journal on Computing, 1987, 16（1）: 78−96.

[63] S. −Q. Xin, B. Lévy, Z. Chen, L. Chu, Y. Yu, C. Tu, W. Wang. Centroidal power diagrams with capacity constraints: computation, applications, and extension [J]. ACM Transactions on Graphics, 2016, 35（6）: 1−12.

[64] A. Chuchvara, A. Gotchev. Efficient image−warping framework for content−adaptive superpixels generation [J]. IEEE Signal Processing Letters, 2021, 28: 1948−1952.

[65] J. Strassburg, R. Grzeszick, L. Rothacker, G. A. Fink. On the influence of superpixel methods for image parsing [A]// 10th International Conference on Computer Vision Theory and Application （VISAPP）. Berlin, GER, 2015: 518−527.

[66] J.−P. Bauchet, F. Lafarge. KIPPI: Kinetic polygonal partitioning of images [A]. 2018 IEEE/CVF Conference on Computer Vision and Pattern Recognition （CVPR） [C], IEEE/CVF, Salt Lake City, USA, 2018: 3146−

3154.

[67] Z. Ban, J. Liu, L. Cao. Superpixel segmentation using Gaussian mixture model [J]. IEEE Transactions on Image Processing, 2018, 27（8）: 4105−4117.

[68] R. Uziel, M. Ronen, O. Freifeld. Bayesian adaptive superpixel segmentation [A]// 17th IEEE/CVF International Conference on Computer Vision（ICCV）. IEEE/CVF, Seoul, KOR, 2019: 8469−8478.

[69] P. Zhou, X. Kang, A. Ming. Vine Spread for Superpixel Segmentation [J]. IEEE Transactions on Image Processing, 2023, 32: 878−891.

[70] X. Li, J. Xiong. Content−sensitive superpixels based on adaptive regrowth [A]// 25th IEEE International Conference on Pattern Recognition （ICPR）. IEEE, Milan, ITA, 2021: 1737−1743.

[71] W. Jing, T. Jin, D. Xiang. Content−sensitive superpixel generation for SAR images with edge penalty and contraction − expansion search strategy [J]. IEEE Transactions on Geoscience and Remote Sensing, 2022, 60: 1−15.

[72] L. Sun, D. Ma, X. Pan, Y. Zhou. Weak−boundary sensitive superpixel segmentation based on local adaptive distance [J]. IEEE Transactions on Circuits and Systems for Video Technology, 2022.

[73] W. −C. Tu, M. −Y. Liu, V. Jampani, D. Sun, S. −Y. Chien, M. −H. Yang, J. Kautz. Learning superpixels with segmentation−aware affinity loss [A]// 2018 IEEE/CVF Conference on Computer Vision and Pattern Recognition （CVPR）. IEEE/CVF, Salt Lake City, USA, 2018: 568−576.

[74] V. Jampani, D. Sun, M. Y. Liu, M. H. Yang, J. Kautz. Superpixel sampling networks [A]// 18th European Conference on Computer Vision （ECCV）. Munich, GER, 2018: 363−380.

[75] U. Gaur, B. S. Manjunath. Superpixel embedding network [J]. IEEE

Transactions on Image Processing, 2020, 29: 3199-3212.

[76] F. Yang, Q. Sun, H. Jin, Z. Zhou. Superpixel segmentation with fully convolutional networks [A]// 33rd IEEE/CVF Conference on Computer Vision and Pattern Recognition （CVPR）. Seattle, USA, 2020: 13961-13970.

[77] L. Zhu, Q. She, B. Zhang, Y. Lu, Z. Lu, D. Li, J. Hu. Learning the superpixel in a non-iterative and lifelong manner[A]// 34th IEEE/CVF Conference on Computer Vision and Pattern Recognition （CVPR）. Nashville, USA, 2021: 1225-1234.

[78] X. Pan, Y. Zhou, Y. Zhang, C. Zhang. Fast generation of superpixels with lattice topology [J]. IEEE Transactions on Image Processing, 2022, 31: 4828-4841.

[79] D. Weikersdorfer, D. Gossow, M. Beetz. Depth-adaptive superpixels [A]// 21st IEEE International Conference on Pattern Recognition （ICPR）. IEEE, Tsukuba Science City, JPN, 2012: 2087-2090.

[80] J. Papon, A. Abramov, M. Schoeler, F. Wörgötter. Voxel Cloud Connectivity Segmentation － Supervoxels for Point Clouds [A]// 2013 IEEE Conference on Computer Vision and Pattern Recognition （CVPR）. IEEE, Portland, USA, 2013: 2027-2034.

[81] 潘晓. 图像中的超像素生成方法 [D]. 济南: 山东大学, 2017.

[82] 韩艳茹, 尹梦晓, 杨锋, 钟诚. 时间一致性超像素视频分割方法综述 [J]. 小型微型计算机系统, 2020, 41（07）: 1494-1500.

[83] P. Neubert, P. Prötzel. Superpixel benchmark and comparison [J]. Forum Bildverbeitung, 2012, 1-12.

[84] R. Giraud, V. Ta, N. Papadakis. Robust shape regularity criteria for superpixel evaluation [A]// 2017 IEEE International Conference on Image

Processing（ICIP）. IEEE, Beijing, CHN, 2017: 3455–3459.

[85] Brekhna. 超像素分割算法的稳健性分析与一致性评价 [D]. 济南：山东大学, 2019.

[86] C. Couprie, L. Grady, L. Najman, H. Talbot. Power watershed: a unifying graph–based optimization framework [J]. IEEE Transactions on Pattern Analysis and Machine Intelligence, 2011, 33（7）: 1384–1399.

[87] L. Grady. Random Walks for Image Segmentation [J]. IEEE Transactions on Pattern Analysis and Machine Intelligence, 2006, 28（11）: 1768–1783.

[88] W. Yang, J. Cai, J. Zheng, J. Luo. User–friendly interactive image segmentation through unified combinatorial user inputs [J]. IEEE Transactions on Image Processing, 2010, 19（9）: 2470–2479.

[89] J. A. Sethian. Level set methods and fast marching methods: evolving interfaces in computational geometry, fluid mechanics, computer vision, and materials science. Cambridge monographs on applied and computational mathematics [M]. New York, USA: Cambridge University Press, 1999.

[90] S. P. Lloyd. Least squares quantization in PCM [J]. IEEE Transactions on Information Theory, 1982, 28（2）: 129–137.

[91] D. Arthur, S. Vassilvitskii. K–means++: the advantages of careful seeding [A]// 18th ACM–SIAM Symposium on Discrete Algorithms（SODA）. ACM/SIAM, New Orleans, USA, 2007: 1027–1035.

[92] M. Ester, H.–P. Kriegel, J. Sander, X. Xu. A density–based algorithm for discovering clusters in large spatial databases with noise [A]// 2nd International Conference on Knowledge Discovery and Data Mining（KDD）. ACM, Portland, USA, 1996: 226–231.

[93] K. Yamaguchi, D. McAllester, R. Urtasun. Efficient joint segmentation, occlusion labeling, stereo and flow estimation [A]// 14th European Conference on Computer Vision （ECCV）. Zurich, CHE, 2014: 756−771.

[94] Y. Liu, M.−M. Cheng, X. Hu, K. Wang, X. Bai. Richer convolutional features for edge detection [A]// 2017 IEEE Conference on Computer Vision and Pattern Recognition （CVPR）. IEEE, Honolulu, USA, 2017: 5872−5881.

[95] D. Reynolds. Gaussian mixture models [J]. Encyclopedia of Biometrics, 2015, 827−832.

[96] D. R. Martin, C. C. Fowlkes, J. Malik. Learning to detect natural image boundaries using local brightness, color, and texture cues [J]. IEEE Transactions on Pattern Analysis and Machine Intelligence, 2004, 26（5）: 530−549.

[97] A. P. Moore, S. J. D. Prince, J. Warrell, U. Mohammed, G. Jones. Superpixel lattices [A]// 2008 IEEE Conference on Computer Vision and Pattern Recognition （CVPR）. IEEE, Anchorage, USA, 2008: 1−8.

[98] A. Schick, M. Fischer, R. Stiefelhagen. Measuring and evaluating the compactness of superpixels [A]// 21st IEEE International Conference on Pattern Recognition （ICPR）. IEEE, Tsukuba Science City, JPN, 2012: 930−934.

[99] Y. Yuan, Y. −W. Chen, C. Dong, H. Yu, Z. Zhu. Hybrid method combining superpixel, random walk and active contour model for fast and accurate liver segmentation [J]. Computerized Medical Imaging and Graphics, 2018, 70: 119−134.

[100] 刘步实. 复杂交通场景下轻量化视觉感知方法研究 [D]. 北京: 北京交通大学, 2021.

[101] D. −T. Lin, C. −H. Hsu. Crossroad traffic surveillance using superpixel tracking and vehicle trajectory analysis [A]// 22nd IEEE International

Conference on Pattern Recognition（ICPR）. IEEE, Stockholm, SWE, 2014: 2251-2256.

[102] 王帅. 基于机器视觉的产品表面缺陷检测关键算法研究 [D]. 沈阳: 中国科学院大学（中国科学院沈阳计算技术研究所）, 2021.

[103] X. Zhou, Y. Wang, Q. Zhu, J. Mao, C. Xiao, X. Lu, H. Zhang. A surface defect detection framework for glass bottle bottom using visual attention model and wavelet transform [J]. IEEE Transactions on Industrial Informatics, 2020, 16（4）: 2189-2201.

[104] 黄宇杰. 一种基于超像素的农作物影像分类方法构建及应用效果 [J]. 农技服务, 2021, 38（08）: 53-57.

[105] A. Garcia-Pedrero, C. Gonzalo-Martin, M. Lillo-Saavedra, D. Rodriguez-Esparragon. A superpixel-based approach based on consensus for delineating agricultural plots [A]// 2017 IEEE International Conference and Workshop on Bioinspired Intelligence（IWOBI）. IEEE, Funchal, PRT, 2017: 1-6.

[106] C. Dong, Y. -W. Chen, L. Lin, H. Hu, C. Jin, H. Yu, X. Han, T. Tateyama. Simultaneous segmentation of multiple organs using random walks [J]. Journal of Information Processing, 2016, 24（2）: 320-329.

[107] C. Dong, Y. -W. Chen, T. Tateyama, X. Han, L. Lin, H. Hu, C. Jin, H. Yu. A knowledge-based interactive liver segmentation using random walks [A]// 12th International Conference on Fuzzy Systems and Knowledge Discovery（FSKD）. IEEE, Zhangjiajie, CHN, 2015: 1731-1736.

[108] T. F. Chan, L. A. Vese. Active contours without edges [J]. IEEE Transactions on Image Processing, 2001, 10（2）: 266-277.

[109] N. Homma. Theory and applications of CT imaging and analysis [M].

London, GBR: IntechOpen, 2011, 79−94.

[110] R.T. Whitaker. A level−set approach to 3D reconstruction from range data [J]. International Journal of Computer Vision, 1998, 29: 203−231.

[111] L. Soler et al. 3D image reconstruction for comparison of algorithm database: a patient specific anatomical and medical image database [R]. Strasbourg: IRCAD, 2010, 1.

[112] C. Li, X. Wang, S. Eberl, M. Fulham, Y. Yin, D. Dagan Feng. Supervised variational model with statistical inference and its application in medical image segmentation [J]. IEEE Transactions on Biomedical Engineering, 2015, 62（1）: 196−207.

[113] T. Heimann et al. Comparison and evaluation of methods for liver segmentation from CT datasets [J]. IEEE Transactions on Medical Imaging, 2009, 28（8）: 1251−1265.

[114] X. Dong, J. Shen, L. Shao, L. Van Gool. Sub−markov random walk for image segmentation [J]. IEEE Transactions on Image Processing, 2016, 25（2）: 516−527.

[115] F. Chung, H. Delingette. Regional appearance modeling based on the clustering of intensity profiles [J]. Computer Vision and Image Understanding, 2013, 117（6）: 705−717.

[116] M. Kirschner. The probabilistic active shape model: from model construction to flexible medical image segmentation [D]. Darmstadt, GER: Technischen Universität Darmstadt, 2013.

[117] G. Li, X. Chen, F. Shi, W. Zhu, J. Tian, D. Xiang. Automatic liver segmentation based on shape constraints and deformable graph cut in CT images[J]. IEEE Transactions on Image Processing, 2015, 24（12）: 5315−5329.

[118] M. Erdt, S. Steger, M. Kirschner, S. Wesarg. Fast automatic liver segmentation combining learned shape priors with observed shape deviation [A]// 23rd IEEE International Symposium on Computer-Based Medical Systems（CBMS）. IEEE, Bentley, AUS, 2010: 249-254.

[119] F. Lu, F. Wu, P. Hu, Z. Peng, D. Kong. Automatic 3d liver location and segmentation via convolutional neural network and graph cut [J]. International Journal of Computer Assisted Radiology and Surgery, 2017, 12（2）: 171-182.

[120] B. Perret, J. Cousty, J. C. R. Ura, S. J. F. Guimarães. Evaluation of morphological hierarchies for supervised segmentation [A]// 12th International Symposium on Mathematical Morphology and Its Applications to Signal and Image Processing （ISMM）. Reykjavik, ISL, 2015: 39-50.

[121] R. E. Kalman et al. A new approach to linear filtering and prediction problems [J]. Journal of basic Engineering, 1960, 82（1）: 35-45.

[122] D. -T. Lin, K. -Y. Huang. Collaborative pedestrian tracking and data fusion with multiple cameras [J]. IEEE Transactions on Information Forensics and Security, 2011, 6（4）: 1432-1444.

[123] D. Martin, C. Fowlkes, D. Tal, J. Malik. A database of human segmented natural images and its application to evaluating segmentation algorithms and measuring ecological statistics [A]// 8th IEEE International Conference on Computer Vision （ICCV）. IEEE, Vancouver, CAN, 2001, 2: 416-423.

[124] S. Gould, R. Fulton, D. Koller. Decomposing a scene into geometric and semantically consistent regions [A]// 12th IEEE International Conference on Computer Vision （ICCV）. IEEE, Kyoto, JPN, 2009: 1-8.

[125] B. C. Russell, A. Torralba, K. P. Murphy, W. T. Freeman. LabelMe:

database and Web−based tool for image annotation [J]. International Journal of Computer Vision, 2008, 77（1−3）: 157−173.

[126] A. Criminisi. Microsoft Research Cambridge Object Recognition Image Database [EB/OL].（2005−05−18）[2023−06−01]. http://research. microsoft.com/en−us/projects/objectclassrecognition.

[127] L. M. Everingham, L. Van Gool, C. K. I. Williams, J. Winn, A. Zisserman. The PASCAL Visual Object Classes Challenge 2007 [EB/OL].（2007−11−06）[2023−06−01]. http://www.pascalnetwork.org/challenges/VOC/voc2007/workshop/index.html.

[128] D. Hoiem, A. A. Efros, M. Hebert. Recovering surface layout from an image [J]. International Journal of Computer Vision, 2007, 75（1）: 151−172.

[129] Y. Yuan, Z. Zhu, H. Yu, W. Zhang. Watershed−based superpixels with global and local boundary marching [J]. IEEE Transactions on Image Processing, 2020, 29: 7375−7388.

[130] Y. Yuan, W. Zhang, H. Yu, Z. Zhu. Superpixels with content−adaptive criteria [J]. IEEE Transactions on Image Processing, 2021, 30: 7702−7716.

[131] A. Chuchvara, A. Gotchev. Content−adaptive superpixel segmentation via image transformation [A]// 2019 IEEE International Conference on Image Processing（ICIP）. IEEE, Taipei, CHN, 2019: 1505−1509.

[132] J. Canny. A computational approach to edge detection [J]. IEEE Transactions on Pattern Analysis and Machine Intelligence, 1986, 8（6）: 679−698.

[133] H. Lee, J. Jeon, J. Kim, S. Lee. Structure−texture decomposition of images with interval gradient [J]. Computer Graphics Forum, 2017, 36（6）: 262−274.

[134] A. Sheffer, E. Praun, K. Rose. Mesh parameterization methods and

their applications [J]. Foundations and Trends in Computer Graphics and Vision, 2006, 2（2）: 105−171.

后 记

本书是在我的博士学位论文《内容适应性超像素生成算法研究》的基础上进一步修改而成的。图像处理领域是广阔的，其中的众多技术已成为我们生活中不可缺失的助力，而超像素生成算法可应用于任何的图像处理任务，帮助生成更优质、更高效的处理结果。本书聚焦于其应用目的，总结了基于图像内容的适应性超像素生成技术，是当前超像素研究领域中的主流方向。

本书的研究与写作从确立选题、收集文献资料、设计算法、实施实验，直到最终的整理和完稿，经历了一些痛苦和漫长的过程，但收获的时刻总是令人欣慰的。书稿收笔之际，心中充满了感慨。

本书的最后完稿得益于多位专家学者的悉心指导。首先，我要衷心感谢我的导师朱志良教授。在学术上，朱老师造诣颇深，学识渊博，给学生展示了一个广阔的领域，提供了众多接触前沿科学的难得机会。在教学上，朱老师认真负责，治学严谨，悉心教导着我们每一个人，也为我们打造了最佳的学习环境。在我的研究历程中，是朱老师的支持和鼓励让我能够潜心学习，也是朱老师的指导和帮助让这部书稿得以顺利完成。在最终的整理阶段，朱老师提出了诸多宝贵的意见与建议，每一次指导，都使得研究的思路更加顺畅，提出的观点更加鲜明，论证的过程更加有力，实验的支撑更加可靠。另外，在对本书研究的指导过程中，朱老师的一言一行，不仅为我指明了科研上的方向，还于无形中传授了我很多为人处世的道理，严谨、认真、好学、实事求是，这些是作为一个科研工作者必备的素质。朱老师是良师，是益友，更是我终生学习的榜样，能够成为朱老师的学生，是我巨大的荣幸。

同时，我要感谢日本立命馆大学的陈延伟教授，在科研的道路上给我以重要的启迪。在数次学术交流与科研合作中，陈老师的敏锐思维令我敬佩，无私指导让我感激，敬业的精神和对生活的热情，使我终生受益。

我要感谢沈阳工业大学，以及软件学院的领导和老师，特别是牛连强教授、冯海文院长、郝艳君书记、邵中副院长、刘洋副院长、吴澎主任、张胜男主任、杨德国主任、陈曦老师、温馨老师等。在他们的指导和帮助下，本书才能够成功问世。

我要感谢东北大学软件学院的于海老师、张伟老师、赵玉丽老师、邓卓夫老师、王莹老师，是各位老师的倾囊相授和热心帮助助我成长。感谢实验室的同学们，特别是郭丽、宋延杰、杨雪、朱春娆、赵之滢、孟繁祎、陈英、魏翼如、徐美秋、邢萌，是她们的鼓励和陪伴，使我的研究生涯丰富多彩，充满了欢笑。

我要感谢博士论文答辩委员会的主席、委员和秘书，他们在我答辩过程中提出的各种卓有见地的问题、意见和建议，都为博士论文的最后修改以及本书的成稿提供了有益的指导。

我要感谢学术界的同仁们，他们的研究成果是本书研究的基础。在研究过程中，我参阅了大量国内外的相关学术文献，学者们的真知灼见启发了我，解除了我的很多困惑。

我要感谢我的父母，成为我安心研究的保障与后盾。感谢我的公婆，给予我无条件的支持与包容。感谢我的爱人，从恋爱到结婚，给了我源源不断的信任和力量。他们是我无尽的底气和勇气。

我要感谢辽宁人民出版社的编辑，他们对本书的出版倾注了极大的热情，付出了艰辛的劳动。

深深感谢所有为本书研究、协作和出版提供过指导和帮助的人，谢谢你们！